Ai 聊天機器人

手機座

Science · Technology · Engineering · Mathematics

Contents

chapter
[1] 聊天機器人
簡介 P.4

1-1 現有的聊天機器人概念 P.5
1-2 機器會思考嗎？ P.5
1-3 本套件的聊天機器人 P.6

chapter
[2] 組裝與測試
動手製作屬於自己的
聊天機器人！ P.7

2-1 零件盤點 P.8
2-2 組裝聊天機器人 P.10
LAB 01 實測－開始聊天！ P.21

2-3 操作聊天機器人－
單句學習、腳本學習 P.24

chapter
[3] 用積木設計程式 P.26

3-1 認識 D1 mini P.27
3-2 使用 Flag's Block 開發程式 P.27
3-3 基礎硬體介紹 P.30
LAB 02 控制 D1 mini 上的 LED 燈閃爍 P.31

chapter
[6] 知識問答機器人 P.64

6-1 網路爬蟲 P.65
LAB 10 讓聊天機器人當你的語音助理 P.67

chapter
[4] 基本控制與
手機搖控 P.36

4-1 點頭與搖頭 P.37
LAB 03 讓聊天機器人點頭 P.37
LAB 04 讓聊天機器人搖頭 P.39

4-2 用手機遙控機器人 P.40
LAB 05 用瀏覽器遙控機器人 P.42
LAB 06 設計手機遙控 App P.45

chapter
[5] 基本聊天功能 P.52

5-1 語音辨識 STT & 文字轉語音 TTS P.53
LAB 07 跟聊天機器人玩「請你跟我這樣說」 P.53
LAB 08 命令機器人動起來吧！ P.55
LAB 09 簡易的聊天功能 P.60

chapter
[7] 了解聊天
機器人的全部
機器學習 & 強化學習 P.68

7-1 機器學習 P.69
7-2 強化學習 P.69
7-3 聊天機器人的強化學習 P.69
7-4 用後台查詢驗證學習成果 P.70

Chapter 01

聊天機器人簡介

Hello World! 大家一起來認識我

☑ 製作主題

什麼是聊天機器人？

☑ 學習重點

認識聊天機器人

隨著科技的發展，顧客可以不再受限於空間和時間，享受到店家的服務，但試想：店家若要 24 小時待命且即時回覆消費者，必須耗費人力成本，這時就可以借助聊天機器人來解決。

現有的聊天機器人概念

聊天機器人的功能不僅侷限於客服,有的聊天機器人可以透過消費者提供的資訊,提供適當的理財規劃與投資建議;有些店家的聊天機器人在與消費者聊天的過程,就可以挑選出適當的商品供消費者參考。近年來,許多社群平台也開始使用聊天機器人來增加互動率及討論熱度,開啟了服務業的**電商服務大戰**。

聊天機器人 (chatbot) 其實是一種電腦程式,具備文字或是語音的聊天功能,可**回答重複率高、且順序變異性不大**的問題,特別適合協助店家**有效且即時回覆**消費者,例如:購買商品時消費者會問某商品的 " 價格 "、" 多少錢 "、"$$",我們看到這類的相關文字,就會一致地回答該商品的 " 價格 "。因此,對於不同型態的店家,就可以為自己的店家設計**個人化**的對答題庫,在消費者問到特定**問題**時回覆題庫中對應的**答案**,快速解決消費者的問題,且可避免商家浪費時間一直處理大量**重複性**的問題。

1-2 機器會思考嗎?

最早在 1950 年，電腦之父 Turing 就提出「機器會思考嗎？」的問題，並提出了圖靈測試來判斷機器是否具有智慧的依據，因此刺激了 Weizenbaum 在 1966 年發表的第一個聊天機器人 ELIZA 的興趣，這個程式『似乎』讓使用者都誤以為談話的真的是有智慧的人類，也因此影響了聊天機器人的發展。2001 年 IBM 也開發出一套由自然語言回答問題的電腦程式 – IBM Waston，隨著近年來語意分析、人工智慧的興起，聊天機器人的議題又再度被人討論。

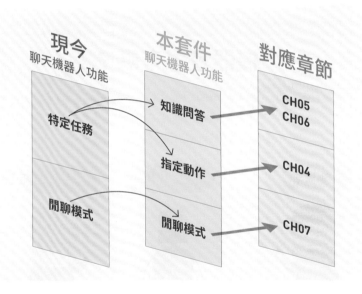

目前，聊天機器人功能如上圖左方，他們主要的目標是完成**特定任務**，若是超出預設的對答題庫，除了轉給專人服務外，聊天機器人就會選用**閒聊**的方式來試圖回答問題。本套件的聊天機器人也將運用這樣的架構，並且將**知識問答**與**指定動作**作為我們的特定目標，若是超出以上範圍的問題，就使用**閒聊模式**進行對答，後續將對應以上的內容解說，讀者可以直接跳往有興趣的章節學習。

1-3 本套件的聊天機器人

本套件的機器人使用 D1 mini 控制板進行開發，它具備 Wi-Fi 無線網路，可透過 Android 手機 (以下簡稱手機) 連接操控。

我們也利用紙板製作外型，讓聊天機器人從虛轉實，就像是跟真的人聊天一樣，甚至還可以自行塗鴉設計外觀。

現在，我們就一步一步把聊天機器人 –「阿涼」組裝起來，開啟一場聊天與對答的時光吧！

Chapter 02

組裝與測試
動手製作屬於自己的聊天機器人！

☑ 製作主題

完成自己的聊天機器人！

☑ 學習重點

透過接線、動手折紙、執行程式，讓聊天機器人動起來。

來吧！打開盒子，會看到各式電子零件包與底部的外觀紙板，是不是迫不及待想要趕快動手組裝了呢？接下來，讓我們一起跟著後面的步驟，先從零件清點、動手組裝，到實際測試與訓練，最後進行解說，準備跟聊天機器人一起聊天、一起訓練、一起學習！

2-1 零件盤點

組裝產品前，請務必先盤點與檢查零件，藉此認識個別零件，讓組裝更有效率。

1 D1 mini 控制板 1 片

聊天機器人動作控制的核心

2 Micro-USB 傳輸線 1 條

一端為 USB、另一端為 Micro-USB 的傳輸線

3 伺服馬達 2 組（以下為單一組內容）

控制機器人頭部轉動角度的馬達

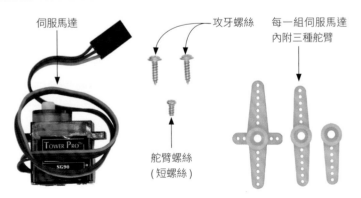

伺服馬達

攻牙螺絲

每一組伺服馬達內附三種舵臂

舵臂螺絲（短螺絲）

4 伺服馬達雲台 1 組

用來固定兩顆伺服馬達

上方零件

下方零件

中間零件

有黑色短螺絲 9 個、銀色長螺絲 8 個

5 10 cm 公對公杜邦線 1 排

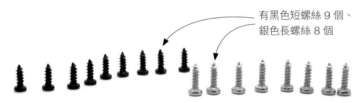

6 麵包板（顏色隨機出貨，本例為綠色）

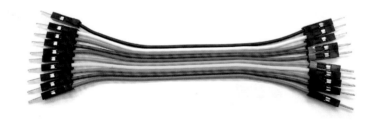

7 1 對 2 Micro-USB 充電線 1 條

一端為母頭 Micro-USB、另一端為兩個公頭的 Micro-USB 的充電線

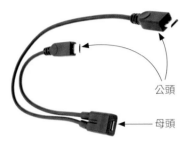

公頭

母頭

8 Micro-USB 對 Type-C 轉接頭 1 個

一端為母頭 Micro-USB、另一端為 Type-C 的轉接頭,供不同的手機充電使用

Type-C

Micro-USB

9 白色橡皮筋 2 條

可以將紙板固定在零件上

10 外觀紙板 1 組 (以下為單一組內容)

本套件的外盒,共有頭部、外紙盒、內紙盒、兩隻腳架共 5 件,會在後續的步驟進行組裝

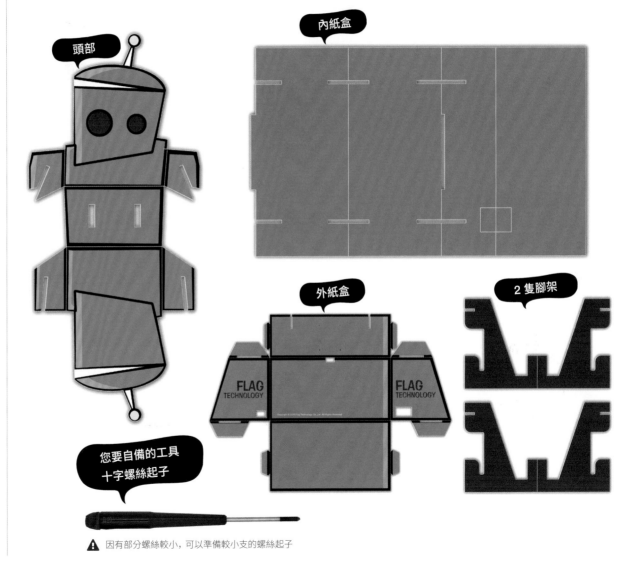

頭部

內紙盒

外紙盒

2 隻腳架

您要自備的工具 十字螺絲起子

⚠ 因有部分螺絲較小,可以準備較小支的螺絲起子

2-2 組裝聊天機器人

確認好零件都齊全後，就開始組裝聊天機器人。

組裝教學影片 (https://www.youtube.com/
playlist?list=PLA5TE2ITfeXQ-nll506WehXydw2ck5Sdt)

步驟 1 組裝控制核心

所需零件 D1 mini 控制板 / 麵包板 / 杜邦線

● 組裝 D1 mini 與麵包板

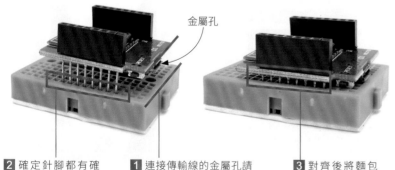

金屬孔

2 確定針腳都有確實對齊麵包板的插槽，避免針腳歪掉

1 連接傳輸線的金屬孔請朝右，並將 D1 mini 最右邊對齊麵包板的最右側

3 對齊後將麵包板向下壓緊，應貼緊麵包板

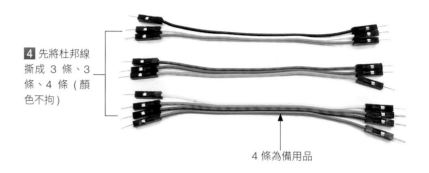

4 先將杜邦線撕成 3 條、3 條、4 條 (顏色不拘)

4 條為備用品

步驟 2 組裝馬達與伺服馬達雲台

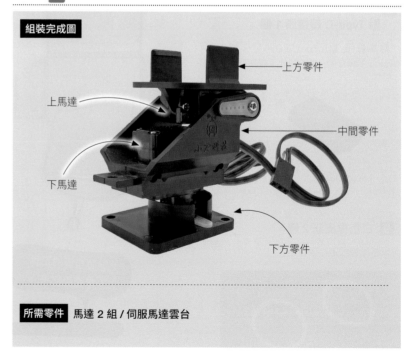

組裝完成圖

上方零件

上馬達

中間零件

下馬達

下方零件

所需零件 馬達 2 組 / 伺服馬達雲台

● 組裝雲台的中間零件

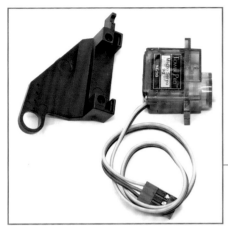

1 使用伺服馬達雲台的中間零件，與一顆伺服馬達

2 運用雲台的凹槽，放入伺服馬達

請注意雲台與線的位置和方向

3 雲台本身也有公母的卡槽，對準後壓緊

4 翻到另外一面，運用雲台附的長螺絲將中間零件固定

5 固定處有兩點，都要以長螺絲鎖緊

6 這樣中間零件就組裝完成，接下來要組裝第二顆馬達

● 組裝雲台的上方零件

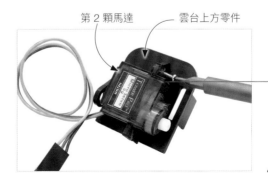

第 2 顆馬達　　　　雲台上方零件

1 將馬達與雲台上方零件對齊固定孔，這個角度馬達應該在雲台上方，並用長螺絲鎖緊

⚠ 請注意雲台與線的位置和方向

11

2 下方的固定孔
用同樣方式鎖緊

結合雲台的中間零件與上方零件

將剛才組裝好的兩個零件結合

2 稍微將雲台錯
開，會比較好扣住

1 有一端是以卡榫的方式互相扣住

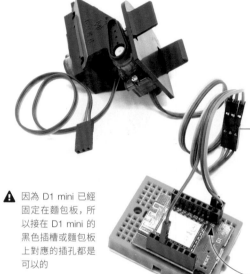

⚠ 因為 D1 mini 已經
固定在麵包板，所
以接在 D1 mini 的
黑色插槽或麵包板
上對應的插孔都是
可以的

這裡有標示插槽名稱

3 因為要固定馬達的轉軸
位置，我們要先對馬達進行
校對，請先用 3 條杜邦線
連接 D1 mini 與**上方馬達**，
接線方式如以下表格

上方的馬達	D1 mini
(棕) GND	G
(紅) 5V	5V
(橘) 訊號	D0

4 與上一個步驟相同，另
外再使用 3 條杜邦線連接
D1 mini 與**下方馬達**，接
線方式如以下表格

下方的馬達	D1 mini
(棕) GND	G
(紅) 5V	5V
(橘) 訊號	D2

⚠ 兩顆馬達分別控制不同的方
向，請特別注意別接錯了！

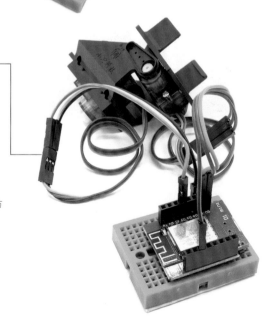

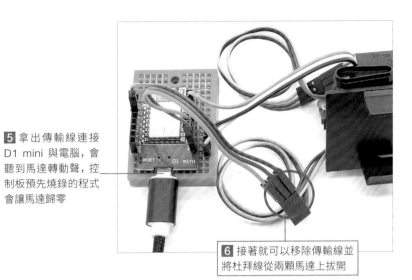

5 拿出傳輸線連接 D1 mini 與電腦，會聽到馬達轉動聲，控制板預先燒錄的程式會讓馬達歸零

6 接著就可以移除傳輸線並將杜拜線從兩顆馬達上拔開

9 同樣地，校對好角度的下方馬達也要以十字舵臂對準往下壓固定

請注意十字舵臂與雲台的方向

10 固定後，以平頭螺絲固定

組裝雲台的下方零件

7 將雲台的上方零件平行於中間零件的底座

8 使用短舵臂固定，凸起部分朝下對準後往下壓，小心別轉動到馬達，以免校對的角度跑掉

9 鎖上舵臂螺絲固定

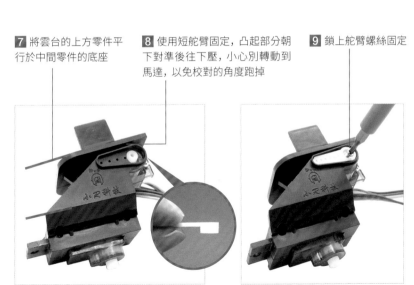

⚠ 角度可以比水平略高一些些，但切記勿低於水平線，否則會造成馬達活動時阻礙

1 將雲台下方零件凹槽對準十字舵臂

2 在兩處利用短螺絲將十字舵臂固定在雲台下方零件上

步驟 **3** 組裝外觀紙板

所需零件 外觀紙板

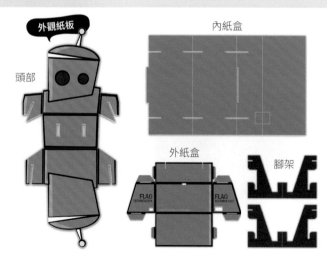

外觀紙板

頭部

內紙盒

外紙盒

FLAG TECHNOLOGY

FLAG TECHNOLOGY

腳架

⚠ 請注意！本產品的外觀紙板折線處都是以**白色面向內**對折

● 組裝外紙盒

1 先組裝底部，將卡榫對齊凹槽

2 往下壓扣緊

3 這部分先完成底部即可，頂部的待組裝好再扣上

● 組裝內紙盒

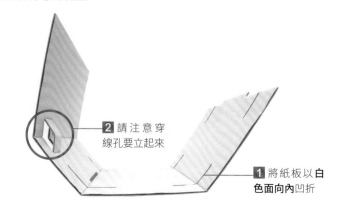

2 請注意穿線孔要立起來

1 將紙板以白**色面向內**凹折

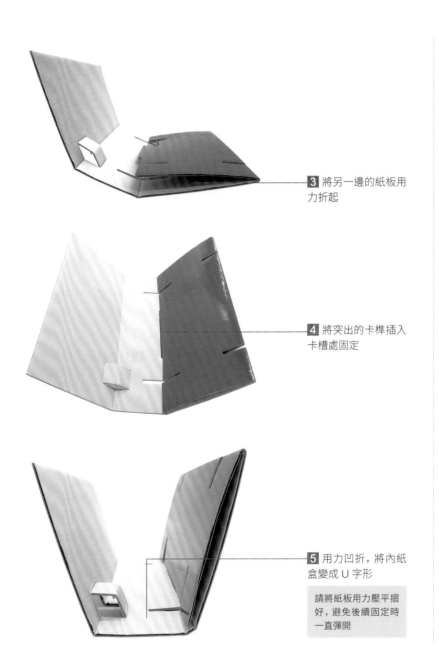

3 將另一邊的紙板用力折起

4 將突出的卡榫插入卡槽處固定

5 用力凹折，將內紙盒變成 U 字形

請將紙板用力壓平摺好，避免後續固定時一直彈開

組裝紙板小腳架

1 以白色面向內對折

2 另外一個腳架也一樣凹折，待後續組裝

步驟 **4** 組裝身體

所需零件　1 對 2 Micro-USB 充電線 / 組裝好的外觀紙板 / 組裝好的控制核心

組裝內部架構：內紙盒 + 核心元件 + 腳架

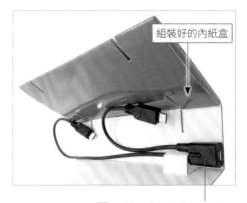

組裝好的內紙盒

1 1 對 2 充電線的長端穿過內紙盒穿線孔後固定

2 將紙板翻轉，準備組裝腳架

15

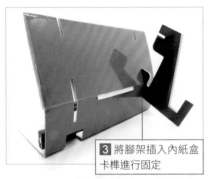

3 將腳架插入內紙盒卡榫進行固定

4 另外一個腳架如上述,固定後以底部固定

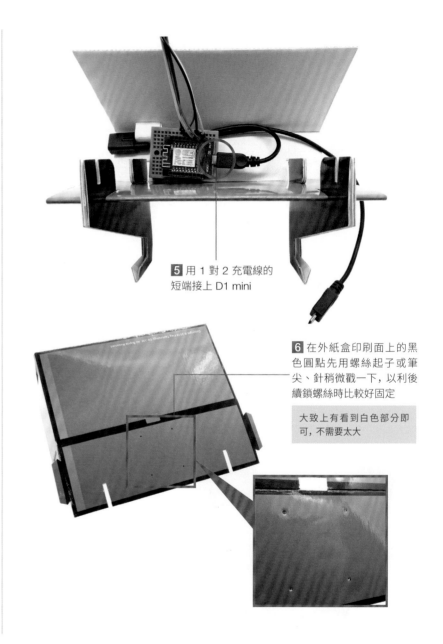

5 用 1 對 2 充電線的短端接上 D1 mini

6 在外紙盒印刷面上的黑色圓點先用螺絲起子或筆尖、針稍微戳一下,以利後續鎖螺絲時比較好固定

大致上有看到白色部分即可,不需要太大

7 拿出組裝好的伺服馬達雲台,與外紙盒組裝起來

8 固定的點與雲台固定處會吻合

請注意紙盒的開口朝左

9 運用馬達的攻牙螺絲,將四邊都固定住

10 為了方便固定螺絲,可以將上部稍微轉開

11 四個角都固定住就可以了

12 固定好的螺絲會穿過紙板,請小心手不要刮傷

13 外紙盒先不要蓋起來,可以先將頂部往外凹、將馬達的線路透過紙板孔洞穿過來

14 將組裝好的內紙盒放進外紙盒中,盡量往內壓固定,應該會看到 1 對 2 充電線的長端在外面

15 用杜邦線將 D1 mini 與兩顆馬達連接，接線方式如下表

上方的馬達	D1 mini
(棕) GND	G
(紅) 5V	5V
(黃) 訊號	**D1**

下方的馬達	D1 mini
(棕) GND	G
(紅) 5V	5V
(黃) 訊號	D2

⚠ 原本上方的馬達在組裝時時插在 D0，因為測試完成，請使用 D1 腳位進行後續的操作

16 將 1 對 2 充電線長端放入盒中左邊的開孔穿出來

17 確定有穿出來後，內部構造就完成了

18 把線整理一下都收在內部構造中，稍微把腳架往外拉，把頂蓋放下來組裝好

19 利用腳架上方的卡榫卡在外紙盒頂部的卡榫中固定

步驟 5 組裝頭部

所需零件 白色橡皮筋

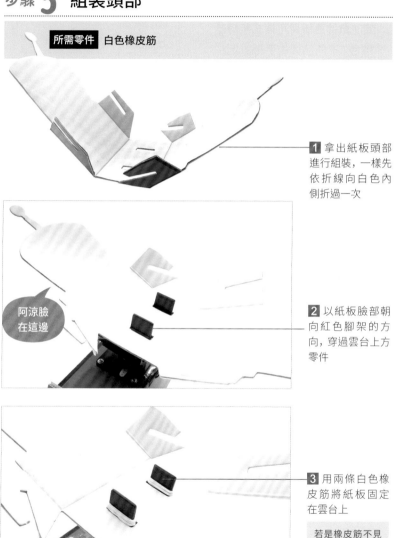

1 拿出紙板頭部進行組裝，一樣先依折線向白色內側折過一次

阿涼臉在這邊

2 以紙板臉部朝向紅色腳架的方向，穿過雲台上方零件

3 用兩條白色橡皮筋將紙板固定在雲台上

若是橡皮筋不見了，用手邊的橡皮筋固定也可以

4 將卡榫交錯，再往下壓扣緊

5 確認卡榫壓到底就可以了

此處會貼齊沒有空隙

6 完成的聊天機器人應該像這樣：

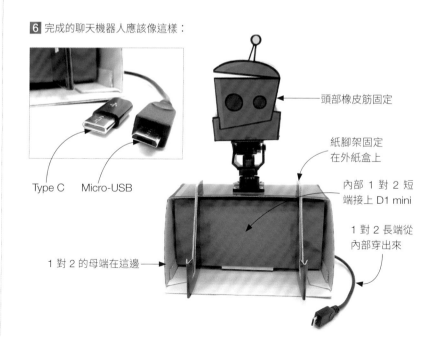

Type C　Micro-USB

頭部橡皮筋固定

紙腳架固定在外紙盒上

內部 1 對 2 短端接上 D1 mini

1 對 2 長端從內部穿出來

1 對 2 的母端在這邊

請注意您使用的 Android 手機的充電頭，如果是用 Micro-USB 就可以直接使用，如果充電頭是 Type-C，請使用套件中附的黑色轉接頭，將轉接頭套在 Micro-USB (1 對 2 Micro-USB 充電線長端) 上，就可以進行充電了。

組裝起來就可以為 Type-C 的手機充電

● 設定

聊天機器人的硬體部分已經組裝完成，接下來我們需要安裝 App，請依照接下來的步驟操作：

1. 先到 Android 手機中的 **Play** 商店下載**旗標語音助理**和**旗標語音聊天機器人**兩個檔案，下載後允許修改手機與安裝

輔助 App Inventor 語音辨識元件的 App

自己的聊天機器人自己訓練

2. 開啟手機的熱點讓聊天機器人可以連線，請先到手機中的**設定 / 數據連線與可攜式無線基地台** (不同品牌的手機設定位置會不太一樣)，將分享的網路名稱設為「**ChatBot**」、密碼為「**12345678**」

3. 將組裝好的聊天機器人接上電源，可以使用黑白頭的傳輸線 USB 端連接電腦，再用 Micro-USB 端連接機器人右方的 1 對 2 充電線母頭，通電時 D1mini 應該會亮燈一下就熄滅

⚠ 1 對 2 充電線的長端可以幫手機供電。

4. 請注意！若以上步驟有確實完成，聊天機器人在連上網路時會亮藍燈，並執行 1 次**點點頭**與 1 次**搖搖頭**的動作和聽到馬達運作的聲音；若沒有，請確定接線、網路、IP 位址是否正確

5. 請開啟手機的 Wi-Fi，在 Wi-
Fi 清單會看到有一個網路名稱
為「**chatbotIP-XXX.XXX.XXX.
XX**」，後面的 XXX.XXX.XXX.
XXX. 這就是 D1 mini 連接到手
機所得到的網路位址，每個人
的會不一樣，請記住這組 IP 位
址。接著再**重新開啟手機的熱點**

6. 請開啟 App **旗標語音聊天機器人**，一開始程式會引導讀者先設定 IP 位
址，請輸入步驟 5 看到的 IP 位址，再按返回鈕回到首頁

返回鈕回首頁　　　　設定 IP 位址

LAB 01

實測 – 開始聊天！

一開始，機器人
不會做任何動作

按麥克風鈕

21

點擊灰色麥克風圖示，應該會跳出**我在聆聽中**字樣，就可以跟聊天機器人開始聊天；聊天過程中，聊天機器人會持續地進行語音辨識

可以試著對機器人說：「你好」，機器人會隨機說出：「你好阿」、「嗨」、「哈囉」，就可以繼續跟機器人聊天；聊天的過程中機器人也會隨機作出互動的動作

若一陣子沒講話，會進入待機狀態，停止進行語音辨識，避免在講話時機器人辨識到字詞開始訓練

進入待機狀態畫面後會回到主畫面，聊天機器人的頭緩緩左轉、再緩緩右轉

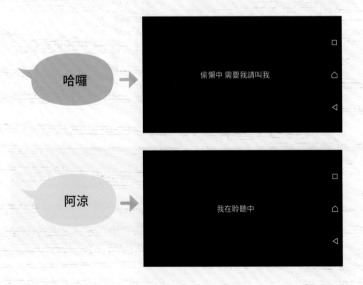

要喚醒機器人，請先發出一句一定音量的詞句，例如：哈囉、來嚇一嚇機器人，這個時候介面會換成**偷懶中 需要我請叫我**；此時再說出指定的預設喚醒詞阿涼，介面就會換成**我在聆聽中**，就可以繼續聊天

您也可以用『「請問」+ 特定關鍵字』來執行網路爬蟲，其語句如下：

- 天氣 (請問<u>宜蘭</u>的天氣)

- 算數 (請問 <u>1+2+3*4/5</u>) 用說的跟打的順序會不同，結果也會不同

- 知識問答 (請問<u>雞蛋</u>是什麼)

- 股價查詢 (請問<u>台積電</u>的股價)

- 所在地 (請問<u>旗標科技</u>在哪裡)

- 附近有什麼 (請問<u>美麗華</u>的附近有甚麼)

- 電影 (請問最近的電影)

- 新聞 (請問最近的新聞)

- 翻譯 (請問<u>鮭魚</u>的英文)

- 什麼時候 (請問<u>兒童節</u>在甚麼時候)

- 熱量 (請問<u>番茄</u>的熱量)

- 多解答問題 (請問<u>五月天</u>的成員)

- 控制機器人的動作 (點頭 / 搖頭 / 向上看 / 向下看 / 向左看 / 向右看 / 向前看 / 發抖 / 思考 / 左繞圈 / 右繞圈 / 慢慢點頭 / 慢慢搖頭 / 生氣)

⚠ 底線處可以替換

//

 小提醒 訓練一個聊天機器人就像是教小朋友說話一樣，雖然一開始很多事情都不知道，但是透過我們一次次的訓練，聊天機器人也會透過**語句間的關聯**組織成龐大的對話資料庫，來跟我們進行**有效地**對話。

訓練時請把握一個重點：「**回答機器人的話**」。一開始的開聊模式可能會毫無邏輯，那是因為聊天機器人懂得不多、資料量很少，面對從沒見過的問題還沒有對應的答案（例如：單句學習中的「但寶寶不說」問題就沒有後面的回話），請試著回應機器人，幫這句話建立**關聯性的回答**，就像是教它下次怎麼回話，而不要拘泥於它的邏輯很奇怪就說「你好奇怪」。

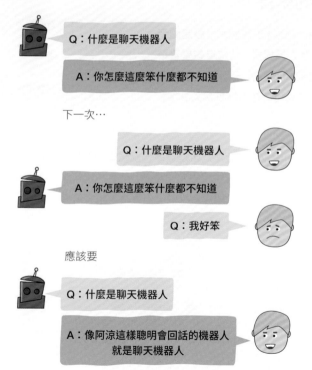

接下來，就要來介紹我們的 App 功能：

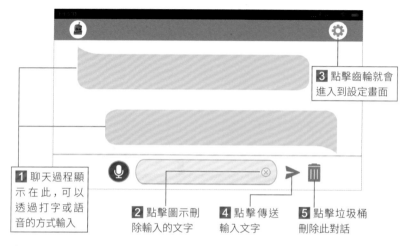

3 點擊齒輪就會進入到設定畫面

1 聊天過程顯示在此，可以透過打字或語音的方式輸入

2 點擊圖示刪除輸入的文字

4 點擊傳送輸入文字

5 點擊垃圾桶刪除此對話

⚠ 若點擊垃圾桶圖示，就可以重新開啟話題，意思是按鈕前後兩句將不會有關聯

6 程式在第一次開啟時會引導使用者先進行設定，請務必記得要**設定 IP 與喚醒詞**

7 密碼可以選擇是否需要啟用（此關係到開發人員畫面中的操作，詳細請參考 7-3 章節）

8 拖拉滑桿可設定進入睡眠模式的時間

9 點擊可進入開發人員畫面

⚠ 請注意！喚醒詞因為受限於語音辨識的結果，例如本套件設定的喚醒詞「阿涼」，文字會顯示成「阿良」，所以在設定喚醒詞時，也可以試著用說的，使用辨識完成的結果當喚醒詞，避免因為判斷不出正確的字而無法正常使用。

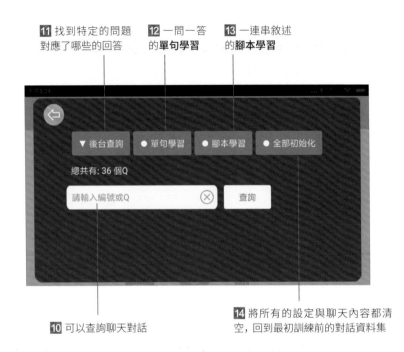

11 找到特定的問題對應了哪些的回答

12 一問一答的**單句學習**

13 一連串敘述的**腳本學習**

▼ 後台查詢　● 單句學習　● 腳本學習　● 全部初始化

總共有：36 個Q

請輸入編號或Q　⊗　　查詢

10 可以查詢聊天對話

14 將所有的設定與聊天內容都清空，回到最初訓練前的對話資料集

進入開發人員畫面後，主要是看到訓練後的字詞關聯與結果，我們將在第 2-3 節先講解『單句學習』與『腳本學習』；若按『全部初始化』，會將資料清空回復到最一開始的對話資料庫；而『後台查詢』將在第 7 章說明使用方法與隱藏其中的**人工智慧**，跟著後續的內容來模擬訓練過程吧。

為了加快聊天機器人訓練的過程及增加訓練的準確度，我們在開發人員模式中設定**單句學習**和**腳本學習**兩種模式，讓使用者可以直接打字輸入聊天的對話內容。

● 單句學習

點選 App 中的 [設定圖示] 設定圖示 / 進入開發人員模式，點選**單句學習**按鈕，會看到問題與答案兩個文字輸入盒，我們可以自行在對話框輸入文字，例如：

Q1 寶寶心裡苦

↓

A1 但寶寶不說

輸入完成後按**儲存**鈕，這種方法是直接透過輸入的方式學習，如果「寶寶心裡苦」這句話在聊天過程中還沒有出現過，就會在資料庫中新增建立「寶寶心裡苦」這個問題，並且建立對應的「但寶寶不說」答案。但若是再新增一個單句學習：

Q1 寶寶心裡苦

A1 但寶寶不說　　A2 寶寶大聲說

這個時候，「寶寶心裡苦」這句話就有兩種回答的方式了，回話時會從儲存的資料庫中隨機選一句話來回應，當某個問題儲存越來越多 (這其中可能包含重複) 答案，就會越來越難猜測他會回什麼，隨著變化性越大，聊天內容也會變得越來越有趣。

脚本學習只要將對話用**換行**的方式輸入到文字方塊中就可以了，輸入完成後按**開始讀取腳本**鈕，就會將以上的 8 句話建立關聯：

腳本學習

與單句學習的概念相似，但因為單句學習只局限於 1 個問題與 1 個答案間的關聯；若我們希望有像相聲或歌詞一樣，一次很多句、有順序的聊天對話，就可以用腳本學習，例如：

- 是誰住在深海的大鳳梨裡
- 海綿寶寶
- 方方黃黃 伸縮自如
- 海綿寶寶
- 如果四處探險是你的願望
- 海綿寶寶
- 那就敲敲甲板讓大魚開路
- 海綿寶寶 海綿寶寶 海綿寶寶 海綿寶寶

透過示意圖，我們可以看到第 1 句與第 2 句會產生關聯，第 2 句與第 3 句產生關聯…以此類推，但其中「海綿寶寶」這句話就出現了 3 次 (對電腦來說，「海綿寶寶」和「海綿寶寶 海綿寶寶」是不一樣的一句話)。如果在聊天的過程中，說到「海綿寶寶」，那聊天機器人就有可能出現 3 種不同的回答方式，就不一定按照腳本的順序進行回話；相反地，如果我們說的是「是誰住在深海的大鳳梨裡」，在沒有儲存其他回話的前提下，機器人就會回答「海綿寶寶」。

Chapter 03

用積木設計程式

03

這塊單晶片就是我的腦袋,讓我可以處理你下的指令,試著了解我是怎麼思考的,並動手操作看看。

☑ **製作主題**

一起動手寫一個簡單的程式吧!

☑ **學習重點**

認識 D1 mini 控制板的構造與應用,並使用旗標科技的 Flag's Block 開發環境,拖拉積木來編寫程式吧。

Maker / 自造者 / 創客 這幾年來快速發展,越來越多人希望可以透過自己的雙手,打造電子、機械、控制等相關應用,即使是非相關科系、或是不熟悉電子電路的使用者,都可以透過現有的**單晶片**控制板來完成許多有趣、實用的作品。

單晶片控制板可以做很多事,從點亮 LED 燈,控制閃爍頻率,或是偵測溫溼度、空汙、明暗變化等,甚至是成為一台遊戲機的核心。而我們的聊天機器人也將使用單晶片控制板做為它的大腦,一起來看看它的強大之處吧!

3-1 認識 D1 mini

D1 mini 是一片單晶片控制板，你可以將它想成是一部小電腦，可以執行透過程式描述的運作流程，並且可藉由兩側的輸出入腳位控制外部的電子元件，或是從外部電子元件獲取資訊。只要使用稍後介紹的杜邦線，就可以將電子元件連接到輸出入腳位。

另外 D1 mini 還具備 Wi-Fi 連網的能力，可以將電子元件的資訊傳送出去，也可以透過網路從遠端控制 D1 mini。

要操控 D1 mini 必須透過程式命令，接著就來看看旗標獨家開發的程式設計軟體。

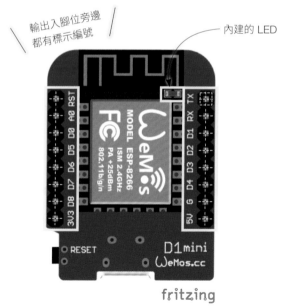

輸出入腳位旁邊都有標示編號

內建的 LED

fritzing

3-2 使用 Flag's Block 開發程式

為了降低學習程式設計的入門門檻，旗標公司特別開發了一套圖像式的積木開發環境 - Flag's Block，有別於傳統文字寫作的程式設計模式，Flag's Block 使用積木組合的方式來設計邏輯流程，加上全中文的介面，能大幅降低一般人對程式設計的恐懼感。

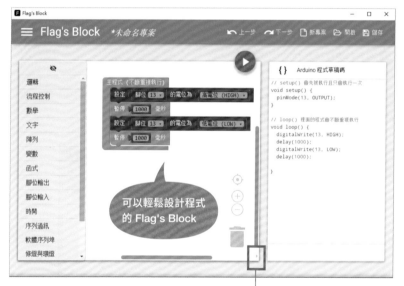

可以輕鬆設計程式的 Flag's Block

按此鈕可以開啟或關閉右側的程式碼窗格

🔵 安裝與設定 Flag's Block

請使用瀏覽器連線 http://www.flag.com.tw/download.asp?FM613A 下載 Flag's Block，下載後請雙按該檔案，如下進行安裝：

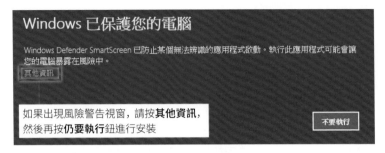

如果出現風險警告視窗，請按**其他資訊**，
然後再按**仍要執行**鈕進行安裝

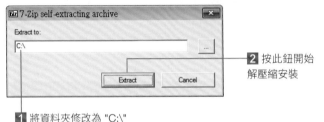

1 將資料夾修改為 "C:\"

2 按此鈕開始
解壓縮安裝

安裝完畢後，請執行『**開始 / 電腦**』命令，切換到 "C:\FlagsBlock" 資料夾，
依照下面步驟開啟 Flag's Block 然後安裝驅動程式：

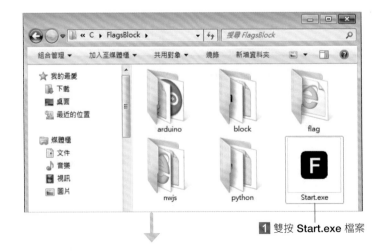

1 雙按 **Start.exe** 檔案

若出現 Windows **安全性警訊**（防火牆）
的詢問交談窗，請選取**允許存取**

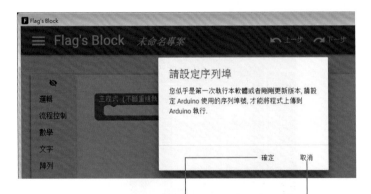

若您之前已安裝過驅動程式，
可按**確定**鈕直接進行設定

2 由於要先安裝 USB 驅動
程式，請按**取消**鈕關閉交談窗

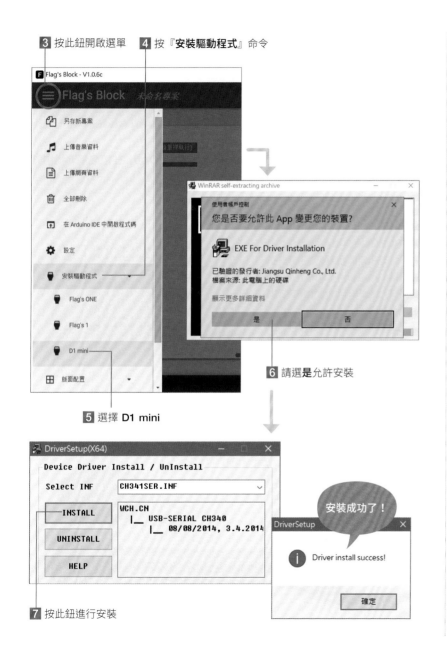

3 按此鈕開啟選單　**4** 按『**安裝驅動程式**』命令

5 選擇 **D1 mini**

6 請選**是**允許安裝

7 按此鈕進行安裝

● 連接 Wemos D1 mini

開發程式前，先用套件所附的 USB 線來連接
電腦與 D1 mini。

接著在電腦左下角的開始圖示▉▉上按右鈕執行『**裝置管理員**』命令
(Windows 10 系統)，或執行『**開始 / 控制台 / 系統及安全性 / 系統 / 裝置管**
理員』命令 (Windows 7 系統)，來開啟裝置管理員，尋找 D1 mini 控制板使
用的序列埠：

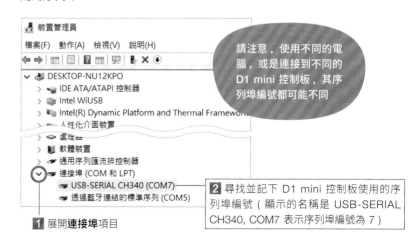

請注意，使用不同的電
腦，或是連接到不同的
D1 mini 控制板，其序
列埠編號都可能不同

1 展開**連接埠**項目

2 尋找並記下 D1 mini 控制板使用的序
列埠編號 (顯示的名稱是 USB-SERIAL
CH340, COM7 表示序列埠編號為 7)

29

1 按此鈕開啟選單

2 執行『設定』命令

3 從下拉式選單選擇剛剛記下的序列埠編號

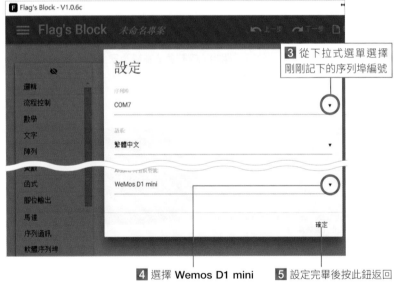

4 選擇 Wemos D1 mini　　**5** 設定完畢後按此鈕返回

目前已經完成安裝與設定工作，稍後我們就可以使用 Flag's Block 開發 D1 mini 程式。

3-3 基礎硬體介紹

本章將練習透過 D1 mini 控制板來點亮內建的 LED 燈，在這之前，我們先簡單介紹會用到的電子元件與相關知識。

麵包板

麵包板的表面有很多的插孔。插孔下方有相連的金屬夾，當零件的接腳插入麵包板時，實際上是插入金屬夾，進而和同一條金屬夾上其他插孔的零件接通，在後續的各單元測試中，就會使用麵包板佈線，讓第一次學習接線的讀者比較容易上手。

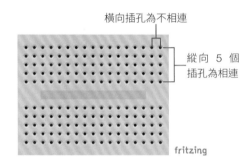

橫向插孔為不相連

縱向 5 個插孔為相連

fritzing

杜邦線

杜邦線即可以導電的電線，在連接馬達、D1 mini 等電子元件時經常使用。因為 Di mini 的針腳有限，在使用麵包板連接的同時，就會使用杜邦線將馬達、Di mini、麵包板相互連接，本套件所附的是公對公的杜邦線，兩頭都有針腳。

本套件所附的為公對公杜邦線

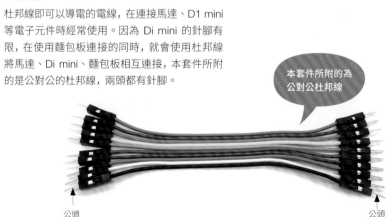

公頭　　　　　　　　　　　　　　　　公頭

LAB 02 控制 D1mini 上的 LED 燈閃爍

☑ 實驗目的

1. 嘗試使用 Flag's Block 寫程式
2. 學習控制 D1 mini 內建的 LED 燈,利用暫停與高低電位讓 LED 閃爍

☑ 實驗材料

- D1 mini 控制板
- Micro-USB 傳輸線

認識 LED

LED,中文為發光二極體,具有一長一短兩隻接腳,若要讓 LED 發光,就要將長腳接上高電位,短腳接低電位,像是水往低處流一樣產生高低電位差讓電流流過 LED 即可發光。

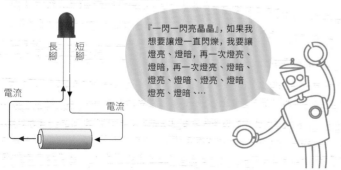

● 設計原理

在 D1 mini 控制板上內建有一顆 LED 燈,它的長腳接在高電位,短腳接在 D4 插槽上,若要讓此 LED 燈以週期 1 秒閃爍,可以分為以下幾個步驟:

內建的 LED

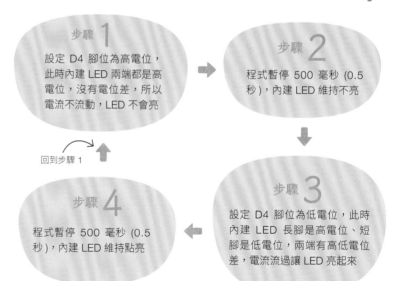

經由上述步驟,就會讓內建的 LED 反覆不停的熄掉 1 秒再亮起來 1 秒了。

● Flag's Block 設計程式

請先啟動 Flag's Block 程式，然後如下操作：

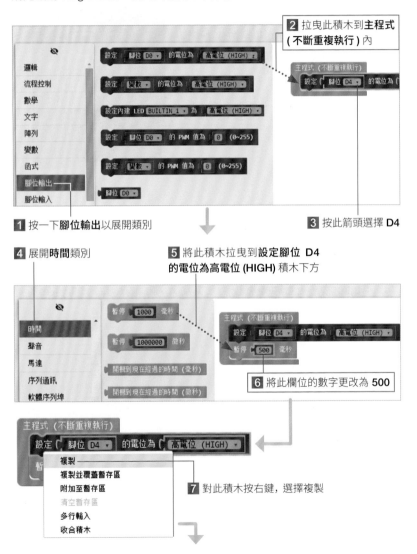

2 拉曳此積木到**主程式 (不斷重複執行)**內

1 按一下**腳位輸出**以展開類別

3 按此箭頭選擇 **D4**

4 展開**時間**類別

5 將此積木拉曳到**設定腳位 D4 的電位為高電位 (HIGH)** 積木下方

6 將此欄位的數字更改為 **500**

7 對此積木按右鍵，選擇複製

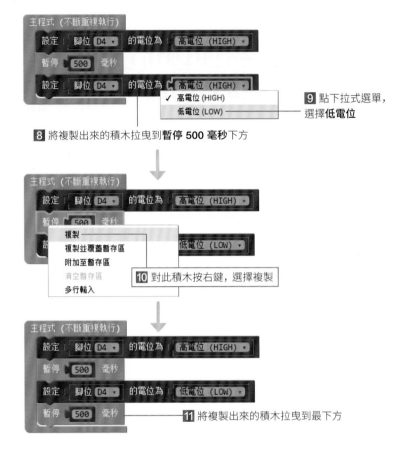

8 將複製出來的積木拉曳到**暫停 500 毫秒**下方

9 點下拉式選單，選擇**低電位**

10 對此積木按右鍵，選擇複製

11 將複製出來的積木拉曳到最下方

設計到此，就已經大功告成了。

● 程式解說

所有在**主程式 (不斷重複執行)** 內的積木指令都會一直重複執行，直到電源關掉為止，因此程式會先將高電位送到 LED 腳位，暫停 500 毫秒後，再送出低電位，再暫停 500 毫秒，這樣就等同於 LED 一下沒通電一下通電，而我們看到的效果就會是閃爍的 LED。

儲存專案

程式設計完畢後，請先儲存專案：

按**儲存**鈕即可儲存專案

如果是新專案第一次儲存，會出現交談窗讓您選擇想要儲存專案的資料夾及輸入檔名：

1 切換到想要儲存專案的資料夾

2 輸入專案名稱 (在儲存時會自動加上副檔名而成為 Lab02.xml)

3 按此鈕儲存

如果看不到儲存鈕

如果因為畫面太窄看不到儲存鈕，請開啟選單即可執行『儲存』命令：

1 按此鈕開啟選單

2 執行『儲存』命令

開啟已儲存的專案或範例專案

日後若您想要重新開啟之前儲存的專案，請如下操作：

1 按**開啟**鈕

NEXT

2 切換到存放專案的資料夾

3 選擇想要開啟的專案 **4** 按此鈕即可開啟

為了方便本書的讀者，Flag's Block 已經內建書中所有的範例專案，您可以直接開啟使用：

1 按此鈕開啟選單

2 展開 **範例 / AI 聊天機器人手機座**

3 選擇您想要開啟的範例

● 將程式上傳到 D1 mini 板

為了將程式上傳到 D1 mini 板執行，請先確認 D1 mini 板已用 USB 線接至電腦，然後依照下面說明上傳程式：

按此鈕開始上傳程式

2 如果出現 **Windows 安全性警訊** (防火牆) 的詢問交談窗，請選取 **允許存取**

正在透過 Arduino 開發環境上傳程式

由於燒錄過程需要花一點時間，請耐心等候

⚠ Arduino 開發環境 (IDE) 是創客界中最常被使用的程式開發環境，使用的是 C/C++ 語言，Flag's Block 就是將積木程式先轉換為 C/C++ 程式碼後，再上傳到 D1 mini 上。

按此處可以關閉訊息窗格

上傳成功

上傳成功後，即可看到 LED 不斷地閃爍。

若您看到紅色的錯誤訊息，請如下排除錯誤：

此訊息表示電腦無法與 D1 mini 連線溝通，請將連接 D1 mini 的 USB 線拔除重插，或依照前面的說明重新設定序列埠

知識補給站　你寫好的程式上傳後會取代預先放在控制板中的程式，所以在第 2 章組裝完後與機器人聊天會有回饋動作的功能就消失了。如果想要回復到預設的程式，請點選功能表中的『範例 /AI 聊天機器人手機座 /LAB 11 出廠預先燒錄的程式』：

然後上傳程式就可以了。

Chapter 04
基本控制與手機搖控

既然能夠閃爍 LED，那我可以點頭跟搖頭嗎？

☑ 製作主題

撰寫程式控制與遙控聊天機器人

☑ 學習重點

● 控制伺服馬達的角度
● 使用無線網路
● 建立網站

大多數的人在打招呼、接受、理解或贊同對方時，會以點點頭來表示；而在相反的情境時，則會搖搖頭。既然聊天機器人可以跟我們聊天說話，甚至可能成為我們生活中的語音助理，試著讓它增加一些可愛、有趣的互動，首先來試著讓它搖搖頭、點點頭吧！

4-1 點頭與搖頭

點頭，對於人類而言，是以脖子為基點，將頭部上下移動的一種肢體語言。在本套件中，就結合了**兩顆伺服馬達**與**伺服馬達雲台**，組裝構成聊天機器人的脖子，讓聊天機器人可以做出點頭、搖頭的動作。

伺服馬達可以利用程式控制轉到指定角度，例如：30°、45° 或 123° 等等，可以轉動的角度範圍為 0°~180°。利用兩顆不同轉向的伺服馬達，就可以透過上下、左右兩個方向來讓機器人點頭搖頭了。

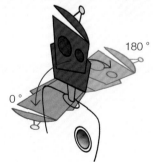

可轉動的角度範圍為
上下 0°~180°

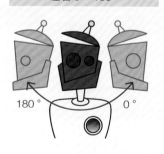

可轉動的角度範圍為
左右 0°~180°

LAB 03 讓聊天機器人點頭

☑ 實驗目的

利用組裝好的伺服馬達雲台組，學習控制上方的伺服馬達讓聊天機器人點頭。

☑ 設計原理

由於上方伺服馬達的控制線在組裝時已經連接到 D1，因此只要透過 D1 插槽就可以讓機器人點頭。我們將這件事分成 4 個步驟：

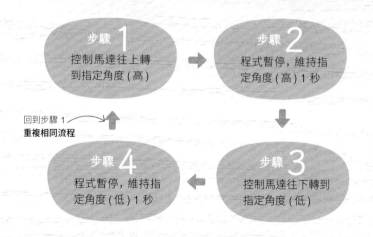

步驟 1
控制馬達往上轉到指定角度(高)

步驟 2
程式暫停，維持指定角度(高)1 秒

回到步驟 1
重複相同流程

步驟 4
程式暫停，維持指定角度(低)1 秒

步驟 3
控制馬達往下轉到指定角度(低)

Flag's Block 程式設計

請先啟動 Flag's Block 程式，然後如下操作：

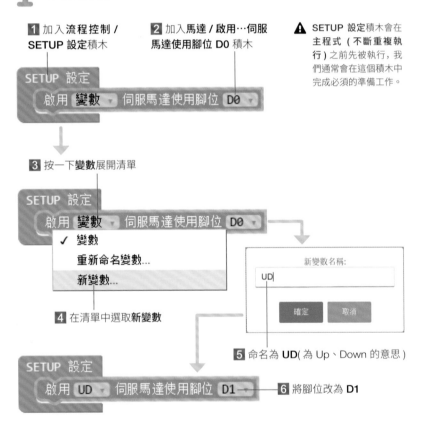

1 啟用伺服馬達：

1 加入**流程控制 / SETUP 設定**積木

2 加入**馬達 / 啟用…伺服馬達使用腳位 D0** 積木

⚠ **SETUP** 設定積木會在**主程式（不斷重複執行）**之前先被執行，我們通常會在這個積木中完成必須的準備工作。

SETUP 設定
　啟用 **變數** 伺服馬達使用腳位 **D0**

3 按一下**變數**展開清單

SETUP 設定
　啟用 **變數** 伺服馬達使用腳位 **D0**
　　✓ 變數
　　重新命名變數…
　　新變數…

4 在清單中選取**新變數**

新變數名稱：
UD
確定　取消

5 命名為 **UD**(為 Up、Down 的意思)

SETUP 設定
　啟用 **UD** 伺服馬達使用腳位 **D1** ━━ **6** 將腳位改為 **D1**

⚠ 『變數』可以幫程式中用到的資料或是裝置取名字，本例就是幫上方的伺服馬達取名為 UD，後續就可以在程式中用 UD 表示上方的伺服馬達，讓程式容易閱讀與理解。

2 讓機器人點頭：

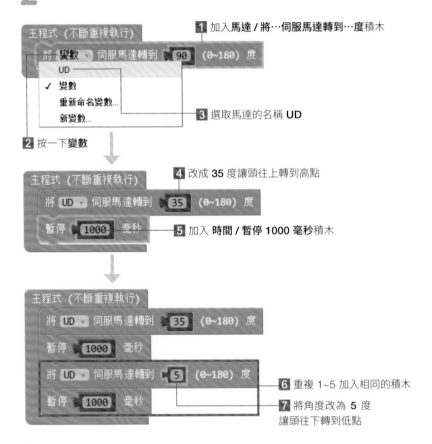

1 加入**馬達 / 將…伺服馬達轉到…度**積木

主程式（不斷重複執行）
　將 **變數** 伺服馬達轉到 **90** (0~180) 度
　　UD
　　✓ 變數
　　重新命名變數…
　　新變數…

2 按一下**變數**

3 選取馬達的名稱 **UD**

主程式（不斷重複執行）
　將 **UD** 伺服馬達轉到 **35** (0~180) 度
　暫停 **1000** 毫秒

4 改成 **35** 度讓頭往上轉到高點

5 加入 **時間 / 暫停 1000 毫秒**積木

主程式（不斷重複執行）
　將 **UD** 伺服馬達轉到 **35** (0~180) 度
　暫停 **1000** 毫秒
　將 **UD** 伺服馬達轉到 **5** (0~180) 度
　暫停 **1000** 毫秒

6 重複 1~5 加入相同的積木

7 將角度改為 **5** 度讓頭往下轉到低點

⚠ 為了清楚讓您看到上下轉動的動作，暫停時間設為較長的 1000 毫秒，若是減少暫停的毫秒數，點頭效果會更好！

3 完成後請將專案儲存為 Lab02.xml 後上傳，即可看到機器人不斷地點頭。

從 Lab 02 已經學習到點頭了，試著讓機器人也能搖搖頭。

☑ 實驗目的

利用組裝好的伺服馬達雲台組，控制馬達讓聊天機器人搖頭。

☑ 設計原理

如同 Lab 02，只要改用下方的馬達，就可以相同概念讓機器人搖搖頭。

● Flag's Block 程式設計

請先啟動 Flag's Block 程式，然後如下操作：

1 請開啟上一個實驗所儲存的專案 Lab02.xml 來修改 (用修改的會比重建快)：

1 按一下馬達名稱 "UD"

2 選取**重新命名**

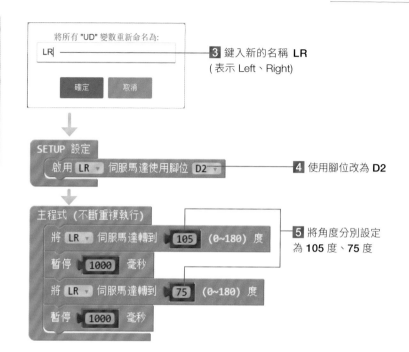

3 鍵入新的名稱 **LR** (表示 Left、Right)

4 使用腳位改為 **D2**

5 將角度分別設定為 **105** 度、**75** 度

2 另存新檔為 Lab03.xml：

1 按此鈕

2 選**另存新專案**

3 上傳後即可看到聊天機器人左右搖頭了。

4-2 用手機遙控機器人

我們已經可以讓機器人點頭、搖頭了，如果可以用手機來遙控機器人，那不就變得更有趣了？

在 3-1 節提過，D1 mini 控制板具備 Wi-Fi 無線網路，而 Android 手機也具備無線網路，只要相互通訊，就可以把手機當成遙控器了。在這一節中，我們就要實作一個簡單的遙控範例，讓手機可以下指令控制機器人做出指定的動作。

● 讓 D1 mini 連上 Wi-Fi 網路

若想讓手機跟 D1 mini 以 Wi-Fi 無線網路通訊，就必須能連上 Wi-Fi 無線網路，這可以使用 **ESP8266 無線網路 / 連接名稱…無線網路**積木：

無線網路名稱　　　　　無線網路密碼

⚠ 請依照第 2 章的說明讓手機分享無線網路給 D1 mini，並設定該網路的名稱與密碼如上圖以方便測試。

ESP8266 無線網路 / 已連接到網路？積木可以協助判斷是否已連線成功，是則回傳**真 (true)**，沒有則回傳**假 (false)**。實際使用時，通常會搭配**流程控制 / 重複直到**積木，等待連線成功才往下進行：

● 取得 D1 mini 的 IP

當手機要與 D1 mini 通訊時，必須知道 D1 mini 的 IP，這可以透過 **ESP8266 無線網路 / 已連接無線網路中的 IP** 來取得。不過因為 D1 mini 上沒有顯示裝置，無法顯示取得的 IP，當你要在手機上操作時就無法得知 IP。為解決此問題，就必須採用特殊的作法。

D1 mini 除了可以連上既有的無線網路外，同時還可以自己建立私有的無線網路，我們就利用這個功能，把 D1 mini 連上無線網路後的 IP，當成自建無線網路名稱的一部份，這樣就可以利用手機搜尋無線網路找出 D1 mini 的 IP 了。**ESP8266 無線網路 / 建立名稱 … 的無線網路**積木就提供自建無線網路的功能。我們可以在連上無線網路後執行以下的程式：

其中使用了**文字 / 建立字串使用**積木把 "chatbotIP-" 及 IP 串接起來當成自建無線網路的名稱，如此一來當程式執行後，就可以在手機上搜尋無線網路找到 D1 mini 的 IP：

● 讓 D1 mini 變網站

手機與 D1 mini 可以透過無線網路互連後，要傳輸資料最簡單的方式就是讓 D1 mini 變成網站，這樣手機這邊不論是用瀏覽器或是 App 都可以傳送指令給 D1 mini，遙控點頭 / 搖頭等動作。我們的範例會讓手機透過以下網址遙控聊天機器人 (假設 D1 mini 的 IP 是 192.168.43.215)：

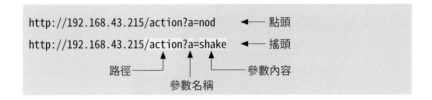

其中 "/action" 稱為『路徑』，也可當成是遙控指令。"?" 開始的部分是指令的附帶參數，每個參數都由名稱與內容組成，像是上面的例子中，a 就是參數名稱、nod 與 shake 就是參數內容，當 D1 mini 收到這樣的請求，就可以解譯出參數內容，並執行對應的動作。

ESP8266 無線網路 / 使用 80 號連接埠啟動網站積木就可以讓 D1 mini 變成網站，其中的 80 號連接埠如果改成其他編號，例如若是改為 5050，在網址中就必須在 IP 後面加上 ":5050" 指定連接埠號碼，若維持 80 不變，則可省略不寫。

ESP8266 無線網路 / 讓網站使用 ... 函式處理 ... 路徑的請求積木則可在收到請求時，依據路徑自動執行積木中指定的函式，例如以下的積木就設定當收到的請求中路徑為 /action 時，自動執行『動作』函式：

『函式』可以視為一組積木的代稱，例如我們可以把前面範例中組成點頭的 4 個積木製作成函式，並命名為『點頭』，就好像建立了一個新的積木一樣。往後需要點頭時，只要使用新建的**點頭**積木，就可以替代原本需要的 4 個積木，不但可以減少積木的數量，也更容易理解程式的用途：

在處理路徑的函式中，可以使用 **ESP8266 無線網路 / 網站請求中含有 ... 參數**判斷是否有指定名稱的參數，並透過 **ESP8266 無線網路 / 網站請求中名稱為 ... 的參數**取得該參數的內容，如此即可根據路徑及參數來執行不同的動作。

處理路徑後，還必須傳送資料回去給手機，這可以使用 **ESP8266 無線網路 / 讓網站傳回狀態碼 ...** 積木：

這些積木要在**主程式 (不斷重複執行)** 中搭配 **ESP8266/ 讓網站接收請求**積木運作，D1 mini 才能持續檢查從網路送來的請求，並根據路徑執行對應的函式：

LAB 05 用瀏覽器遙控機器人

☑ 實驗目的

利用手機遙控機器人。

☑ 設計原理

將 D1 mini 設置成網站，由手機經由無線網路連到 D1 mini 後，即可透過瀏覽器利用不同網址送出請求控制 D1 mini。

● Flag's Block 程式設計

請先啟動 Flag's Block 程式，然後如下操作：

1 啟用伺服馬達：

1 加入 **流程控制 /SETUP 設定**　　3 更改名稱為 UD 與 LR　　4 修改腳位為 D1 與 D2

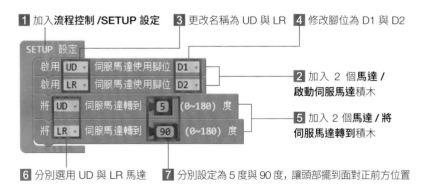

2 加入 2 個馬達 / **啟動伺服馬達**積木

5 加入 2 個**馬達** / **將伺服馬達轉到**積木

6 分別選用 UD 與 LR 馬達　　7 分別設定為 5 度與 90 度，讓頭部擺到面對正前方位置

2 連接無線網路：

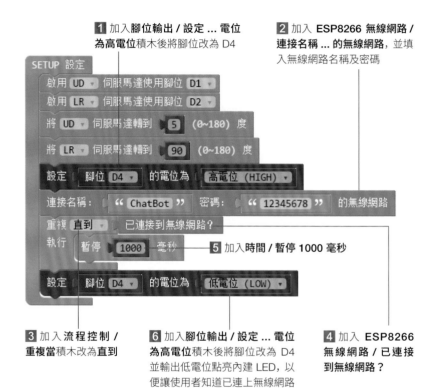

1 加入 腳位輸出 / 設定 ... 電位為高電位積木後將腳位改為 D4

2 加入 ESP8266 無線網路 / 連接名稱 ... 的無線網路，並填入無線網路名稱及密碼

3 加入 **流程控制 / 重複當**積木改為**直到**

6 加入 腳位輸出 / 設定 ... 電位為高電位積木後將腳位改為 D4 並輸出低電位點亮內建 LED，以便讓使用者知道已連上無線網路

4 加入 ESP8266 無線網路 / 已連接到無線網路？

5 加入 時間 / 暫停 1000 毫秒

⚠ 這裡我們沿用第 2 章組裝完成後手機分享的無線網路，如果要改用其他無線網路，記得修改網路名稱與密碼，手機也必須連上相同的無線網路。

3 利用自建無線網路名稱顯示 IP：

1 加入**流程控制 / 持續等待**

2 加入**建立名稱 ... 的無線網路**

3 在積木上按滑鼠右鍵

4 選『**多行輸入**』

5 加入**文字 / 建立字串使用**積木

6 把被擠出來的字串積木移到這裡

7 改為 "chatbotIP-"

8 加入 **ESP8266 無線網路 / 已連接無線網路中的 IP**

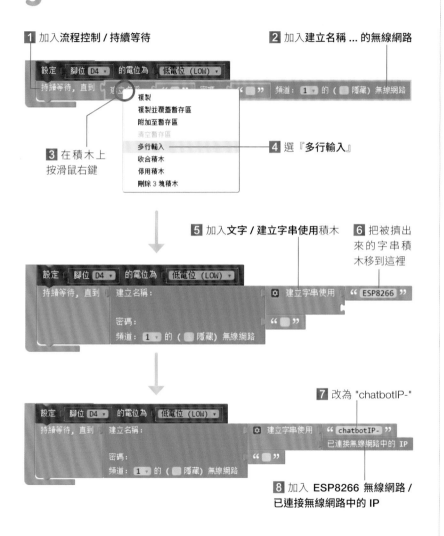

4 建立點點頭的函式：

1 加入**函式 / 建立函式**並將名稱改為『**點點頭**』

2 加入**流程控制 / 重複執行**並改為 3 次

3 依照之前範例加入點頭動作，並將暫停時間都改為 100 毫秒

4 依照 1~3 步驟建立『搖搖頭』函式

5 要注意搖完頭後回到 90°正中央位置

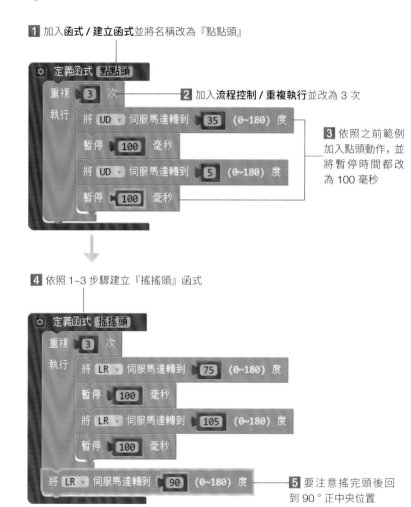

5 建立處理 "/action" 路徑的函式：

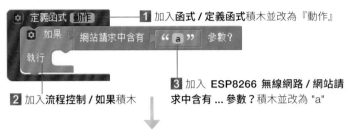

1 加入 **函式 / 定義函式** 積木並改為『動作』

2 加入 **流程控制 / 如果** 積木

3 加入 **ESP8266 無線網路 / 網站請求中含有 … 參數？** 積木並改為 "a"

4 加入 **變數 / 設定變數為** 積木，將變數名稱改為『動作名稱』

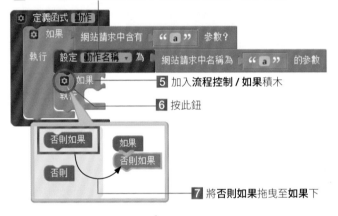

5 加入 **流程控制 / 如果** 積木

6 按此鈕

7 將 **否則如果** 拖曳至 **如果** 下

8 再按一下收回窗格

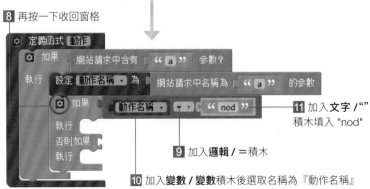

9 加入 **邏輯 / ＝** 積木

10 加入 **變數 / 變數** 積木後選取名稱為『動作名稱』

11 加入 **文字 / ""** 積木填入 "nod"

12 依照步驟 9~11 操作加入積木，改成 shake

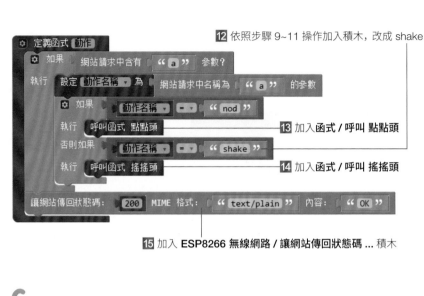

13 加入 **函式 / 呼叫 點點頭**

14 加入 **函式 / 呼叫 搖搖頭**

15 加入 **ESP8266 無線網路 / 讓網站傳回狀態碼 …** 積木

6 啟用網站：

1 在 SETUP 積木內最後加入 **ESP8266 無線網路 / 使用 80 號連接埠啟動網站**

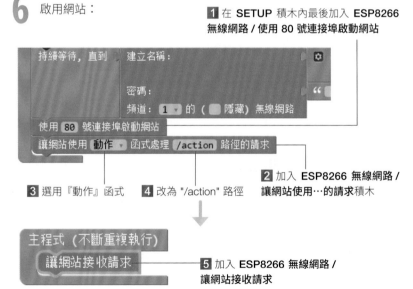

3 選用『動作』函式

4 改為 "/action" 路徑

2 加入 **ESP8266 無線網路 / 讓網站使用…的請求** 積木

5 加入 **ESP8266 無線網路 / 讓網站接收請求**

7 完成後，請將專案儲存為 Lab04.xml 後上傳。

8 上傳成功後，手機先分享名稱為 ChatBot 的無線網路，看到 D1 mini 亮藍燈表示已連上此無線網路後，再開啟手機 Wi-Fi 無線網路查看 D1 mini 的 IP：

確認找到 D1 mini 的 IP 後重新分享手機網路，開啟手機上瀏覽器，在網址列輸入網址遙控機器人 (假設 D1 mini IP 為 192.168.43.215)：

1 鍵入 "192.168.43.215/action?a=nod" 即可讓機器人點頭

2 這裡會看到 D1 mini 傳回給瀏覽器的 "OK"

⚠ 如果不是使用手機分享的無線網路，請記得手機要與 D1 mini 連上相同的無線網路，兩者才能互相連通。

[LAB 06] 設計手機遙控 App

☑ 實驗目的

實作方便操作的手機 App 遙控程式。

☑ 設計原理

前一個實驗我們已經可以從手機端透過瀏覽器遙控聊天機器人，但還要自己在網址列輸入指令，不如 App 操作方便，這裡會使用 App Inventor 設計一個簡易的 App。**App Inventor** 和 Flag's Block 類似，都具備中文化界面與拖拉積木撰寫程式的功能，有利於初學者入門。接下來，就試著操作看看吧！

● App Inventor 程式設計

1 登入 App Inventor 網站：

1 鍵入 http://appinventor.mit.edu/ 進入 App Inventor 網站

2 按此鈕登入

3 請使用 Google 帳號登入，若沒有請申請新帳戶

4 第 1 次登入會請你填問卷，
可按 **Never Take Survey** 略過

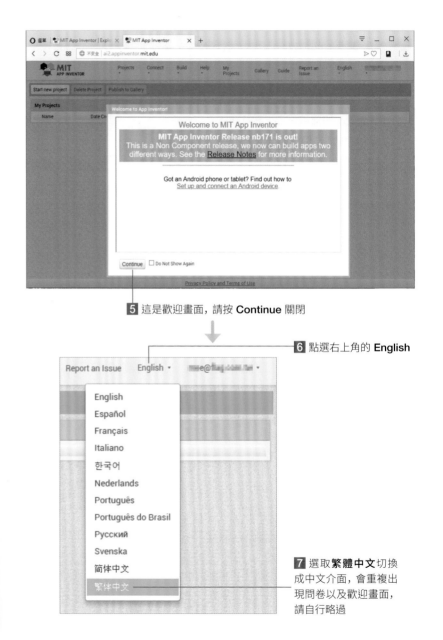

5 這是歡迎畫面，請按 **Continue** 關閉

6 點選右上角的 English

7 選取**繁體中文**切換
成中文介面，會重複出
現問卷以及歡迎畫面，
請自行略過

3 建立新專案：

1 按新增專案

2 設定名稱為 "LAB06"

3 按確定

4 開啟專案後會進入畫面設計環境：

元件面板區（可選取要使用的各種元件）

工作面板區（設計手機畫面）

元件清單區（可顯示目前所有元件與元件之間的層級結構）

元件屬性區（可針對特定元件修改屬性）

5 設定螢幕方向：

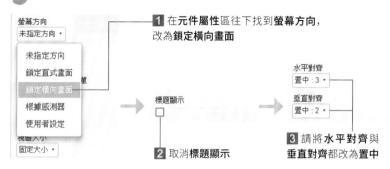

1 在**元件屬性**區往下找到**螢幕方向**，改為**鎖定橫向畫面**

2 取消**標題顯示**

3 請將**水平對齊**與**垂直對齊**都改為置中

6 放置協助編排版面的元件：

1 點一下展開**元件面板**的**介面配置**分類

2 拖曳 2 個**水平配置**到手機畫面上

3 將**垂直對齊**改成置中

7 放入使用者介面元件：

1 從**元件面板**的**使用者介面**分類拖曳標籤與**文字輸入盒**到上方的**水平配置**中

3 在**元件屬性**區中依照圖上所示將個別元件的**文字**屬性修改為『請輸入 IP』、『點頭』、『搖頭』

請輸入 IP

點頭　搖頭

2 從**元件面板**的**使用者介面**分類拖曳 2 個**按鈕**到下方的**水平分配**中

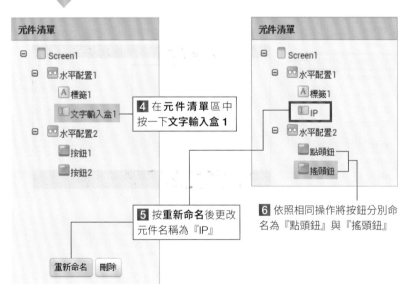

元件清單

- Screen1
  - 水平配置1
    - A 標籤1
    - I 文字輸入盒1
  - 水平配置2
    - 按鈕1
    - 按鈕2

4 在**元件清單**區中按一下**文字輸入盒 1**

元件清單

- Screen1
  - 水平配置1
    - A 標籤1
    - I IP
  - 水平配置2
    - 點頭鈕
    - 搖頭鈕

6 依照相同操作將按鈕分別命名為『點頭鈕』與『搖頭鈕』

5 按**重新命名**後更改元件名稱為『IP』

重新命名　刪除

8 加入可模擬瀏覽器功能的元件：

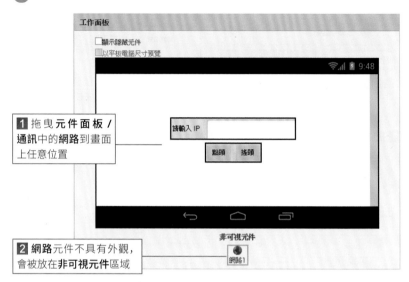

工作面板

☐ 顯示隱藏元件
☐ 以平板電腦尺寸預覽

1 拖曳**元件面板 / 通訊**中的**網路**到畫面上任意位置

請輸入 IP

點頭　搖頭

非可視元件

網路1

2 **網路**元件不具有外觀，會被放在**非可視元件**區域

⚠ 網路元件可執行上個實驗中瀏覽器的功能，讓 App 傳送請求給 D1 mini 建立的網站。

9 開始撰寫程式：

我的專案　Gallery　指南　回報問題　繁體中文 ▾

畫面編排　程式設計

1 請按一下右上角的**程式設計**鈕

10 設定點頭鈕被按一下時要進行的動作：

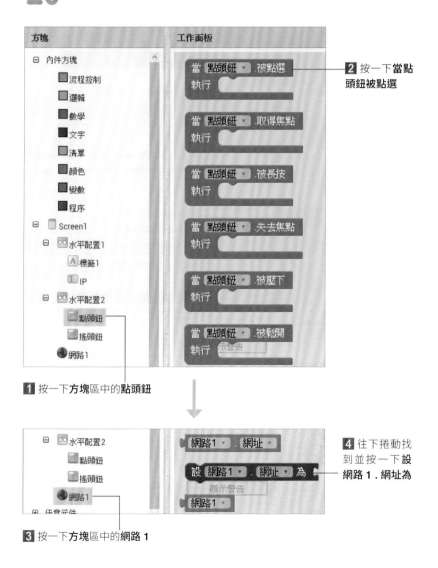

② 按一下**當點頭鈕被點選**

① 按一下**方塊**區中的**點頭鈕**

③ 按一下**方塊**區中的**網路 1**

④ 往下捲動找到並按一下**設網路 1 . 網址為**

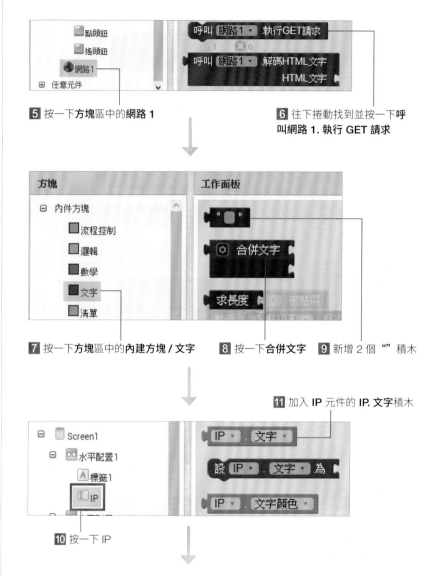

⑤ 按一下**方塊**區中的**網路 1**

⑥ 往下捲動找到並按一下**呼叫網路 1. 執行 GET 請求**

⑦ 按一下**方塊**區中的**內建方塊 / 文字**

⑧ 按一下**合併文字**

⑨ 新增 2 個 "" 積木

⑩ 按一下 IP

⑪ 加入 IP 元件的 **IP. 文字**積木

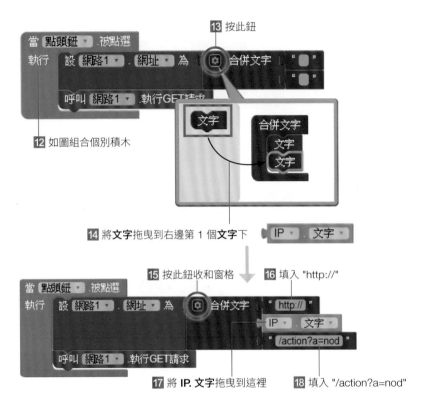

13 按此鈕

12 如圖組合個別積木

14 將**文字**拖曳到右邊第 1 個**文字**下

15 按此鈕收和窗格

16 填入 "http://"

17 將 **IP. 文字**拖曳到這裡

18 填入 "/action?a=nod"

⚠ **合併文字**可將多個字串組合起來，上述程式即可組合出上個實驗中我們在瀏覽器網址列所鍵入可遙控機器人點頭的網址，而**呼叫網路 1. 執行 GET 請求**就是模擬瀏覽器依照指定的網址送出請求並取得回應的功能。

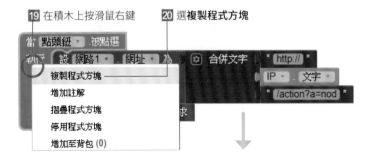

19 在積木上按滑鼠右鍵

20 選**複製程式方塊**

複製程式方塊
增加註解
摺疊程式方塊
停用程式方塊
增加至背包 (0)

21 在複製出來的積木上選**搖頭鈕**

22 將 "nod" 改為 "shake"

11 將程式打包安裝到手機上：

1 按**打包 apk/App for Google Play(provide QR code for .apk)**

2 若看到此交談窗，請按確定

3 用手機掃描後點選連結下載

⚠ 請注意！二維條碼的有效時間為兩個小時，請讀者注意掃描的時間限制。

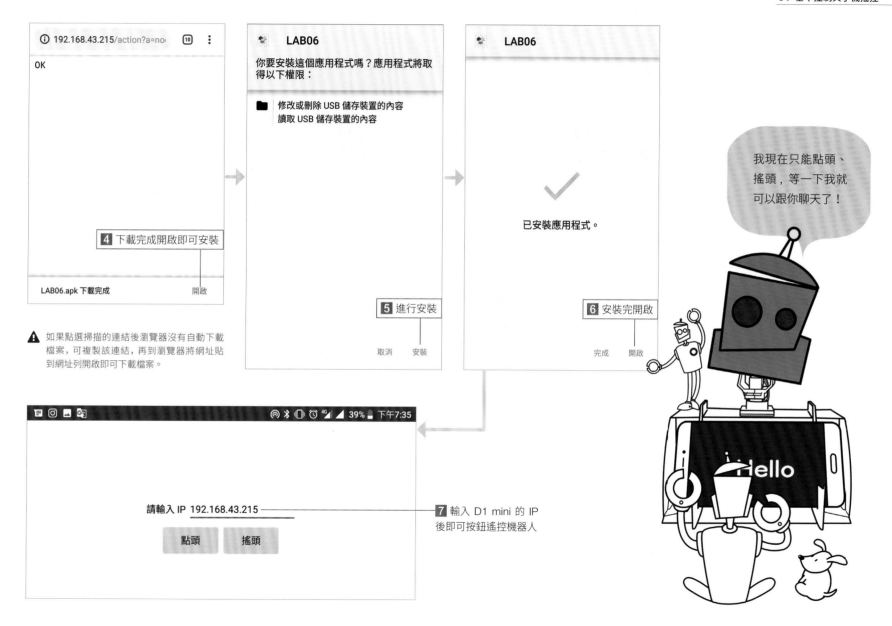

① 192.168.43.215/action?a=no ⑩ ⋮

OK

4 下載完成開啟即可安裝

LAB06.apk 下載完成　　　　　　開啟

⚠ 如果點選掃描的連結後瀏覽器沒有自動下載
檔案，可複製該連結，再到瀏覽器將網址貼
到網址列開啟即可下載檔案。

LAB06

你要安裝這個應用程式嗎？應用程式將取
得以下權限：

📁 修改或刪除 USB 儲存裝置的內容
　　讀取 USB 儲存裝置的內容

5 進行安裝

取消　　安裝

LAB06

✓

已安裝應用程式。

6 安裝完開啟

完成　　開啟

我現在只能點頭、
搖頭，等一下我就
可以跟你聊天了！

◎ ✳ 🔇 ⏰ 4G ◢ 39% ▮ 下午7:35

請輸入 IP 192.168.43.215

點頭　　搖頭

7 輸入 D1 mini 的 IP
後即可按鈕遙控機器人

51

05

基本聊天功能

你可以用打字或語音來跟我聊天！

☑ 製作主題

瞭解聊天機器人是怎麼進行對話！

☑ 學習重點

聊天機器人最重要的一環－說話，如何做到讓機器人可透過語音或是文字聊天

##00???%00

『OK Google』、『Hey Siri』，大多數的人應該都聽過這兩個招呼語，分別為 Android 和 iPhone 手機的關鍵字，會讓手機開啟麥克風仔細聆聽你接下來要說的內容，執行你指定的任務，顯示任務執行後的回饋，並說出內容。本章我們先著墨在對話的基礎：STT 語音辨識和 TTS 文字轉語音。

5-1 語音辨識 STT & 文字轉語音 TTS

語音辨識 STT，即 Speech-To-Text，可以將語音轉換成文字，直接用口說紀錄文字。

相反地，文字轉語音 TTS，即 Text-To-Speech，就是將輸入的文字轉換成語音，直接播放，就好像機器說了一樣。

上一章所使用的 App Inventor 2 也具有以上功能的積木，就讓我們試著用程式玩個小遊戲！

我可是善於傾聽又能言善道的機器人喔！

LAB 07 跟聊天機器人玩「請你跟我這樣說」

☑ 實驗目的

使用 App Inventor 中的 TTS、STT 功能積木，讓機器人重覆你說的話。

☑ 設計原理

1. 我們先說一句話
2. 系統進行 STT 語音識別，並輸出這句話的文字
3. 系統利用 2. 的文字進行文字轉語音 TTS
4. 系統念出該段文字，應該要與 1. 相同

☑ 實驗材料

手機

● App Inventor 程式設計

1 登入 App Inventor 網站建立新專案 LAB07。

⚠ 登入及建立專案步驟可以參考第 4 章

2 設定螢幕方向：

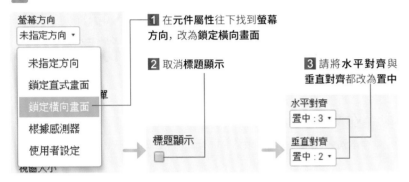

螢幕方向
未指定方向 ▾

未指定方向
鎖定直式畫面
鎖定橫向畫面
根據感測器
使用者設定

1 在**元件屬性**往下找到**螢幕方向**，改為**鎖定橫向畫面**

2 取消**標題顯示**

標題顯示
☐

3 請將**水平對齊**與**垂直對齊**都改為**置中**

水平對齊
置中：3 ▾

垂直對齊
置中：2 ▾

3 放入使用者介面元件：

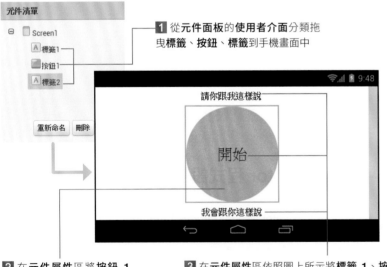

元件清單
⊟ ☐ Screen1
　Ａ 標籤1
　☐ 按鈕1
　Ａ 標籤2

重新命名　刪除

1 從**元件面板**的**使用者介面**分類拖曳**標籤、按鈕、標籤**到手機畫面中

（手機畫面：請你跟我這樣說　開始　我會跟你這樣說）

2 在**元件屬性**區將**按鈕 1** 的**形狀**改為**橢圓**、高度和寬度改為 **170 像素**，並更改**背景顏色**為橙色

3 在**元件屬性**區依照圖上所示將**標籤 1、按鈕 1、標籤 2** 的**文字**屬性修改為『請你跟我這樣說』、『開始』、『我會跟你這樣說』，並且分別將**字體大小**改成 18、30、18

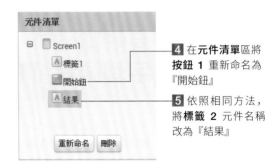

元件清單
⊟ ☐ Screen1
　Ａ 標籤1
　🎤 開始鈕
　Ａ 結果

重新命名　刪除

4 在**元件清單**區將**按鈕 1** 重新命名為『開始鈕』

5 依照相同方法，將**標籤 2** 元件名稱改為『結果』

4 加入語音功能的的元件：

工作面板
☐ 顯示隱藏元件
☐ 以平板電腦尺寸預覽

（手機畫面：請你跟我這樣說　開始　我會跟你這樣說）

非可視元件
🎤 語音辨識1　文字語音轉換器1

1 拖曳**元件面板 / 多媒體**中的**語音辨識**與**文字語音轉換器**到畫面上任意位置，以上兩個元件不具有外觀，會被放在非可視元件區域

5 開始撰寫程式

1 請按一下右上角的**程式設計**鈕

我的專案　Gallery　指南　回報問題　繁體中文 ▾

畫面編排　程式設計

6 設定開始鈕被按一下時要進行的動作：

1 加入方塊區中的**開始鈕 / 當開始鈕被點選**積木

2 加入**語音辨識 1/ 呼叫語音辨識 1. 辨識語音**積木

3 加入**語音辨識 1/ 當語音辨識 1. 辨識完成執行**積木

4 加入**結果 / 設結果 . 文字為**積木

5 加入**文字語音轉換器 1/ 呼叫文字語音轉換器 1. 唸出文字訊息**積木

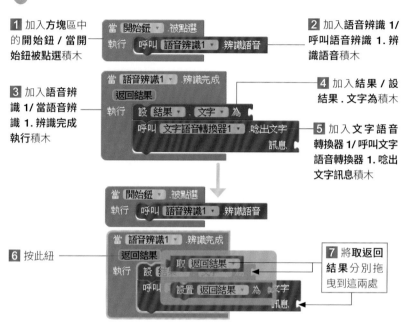

6 按此鈕

7 將**取返回結果**分別拖曳到這兩處

7 將程式打包安裝到手機上測試：

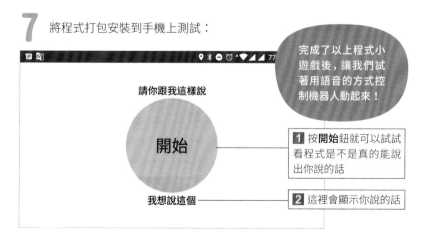

請你跟我這樣說

開始

我想說這個

完成了以上程式小遊戲後，讓我們試著用語音的方式控制機器人動起來！

1 按**開始**鈕就可以試試看程式是不是真的能說出你說的話

2 這裡會顯示你說的話

LAB 08 命令機器人動起來吧！

☑ **實驗目的**

利用手機的語音功能，控制 D1 mini 讓機器人做動作。

☑ **設計原理**

結合 Lab06 的動作與 Lab07 的語音功能，當我們說出動作名稱，進行語音辨識後，做出指定的動作；若所說的並不是動作名稱，就重複唸出機器人聽到的話。

☑ **實驗材料**

組裝好的聊天機器人 / 手機

● **App Inventor 程式設計**

1 開啟 LAB07 專案後另存新專案修改：

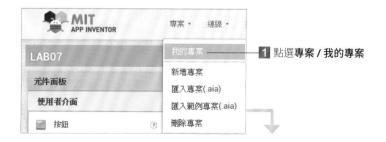

1 點選**專案 / 我的專案**

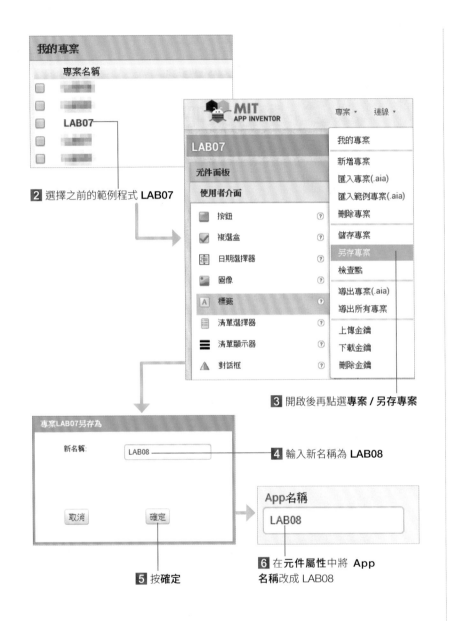

2 選擇之前的範例程式 **LAB07**

3 開啟後再點選**專案 / 另存專案**

4 輸入新名稱為 **LAB08**

5 按確定

6 在**元件屬性**中將 **App**
名稱改成 LAB08

2 放置協助編排版面的元件：

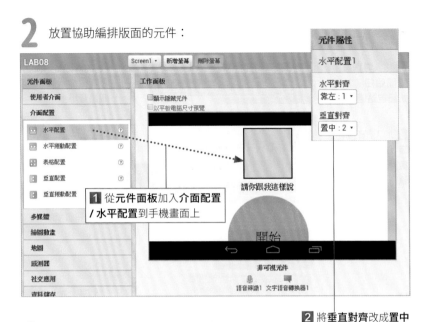

1 從**元件面板**加入**介面配置**
/ 水平配置到手機畫面上

2 將**垂直對齊**改成置中

3 修改使用者介面元件：

2 在**元件屬性**區中將**標籤 1** 的**文字**屬性修改為『IP 位址』

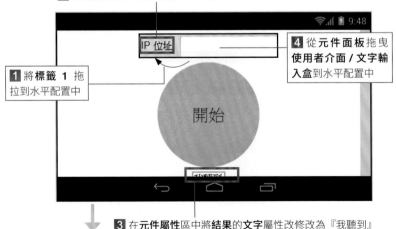

4 從**元件面板**拖曳
使用者介面 / 文字輸
入盒到水平配置中

1 將**標籤 1** 拖
拉到水平配置中

3 在**元件屬性**區中將**結果**的**文字**屬性改修為『我聽到』

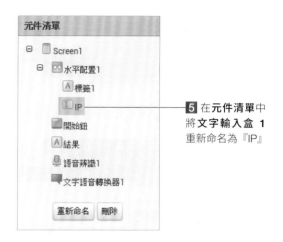

5 在**元件清單**中
將**文字輸入盒 1**
重新命名為『IP』

4 加入可模擬瀏覽器功能的元件：

1 拖曳**元件面板**中的**通訊 / 網路**到畫面上任意位置

5 開始撰寫程式：

1 請按一下右上角的**程式設計**鈕

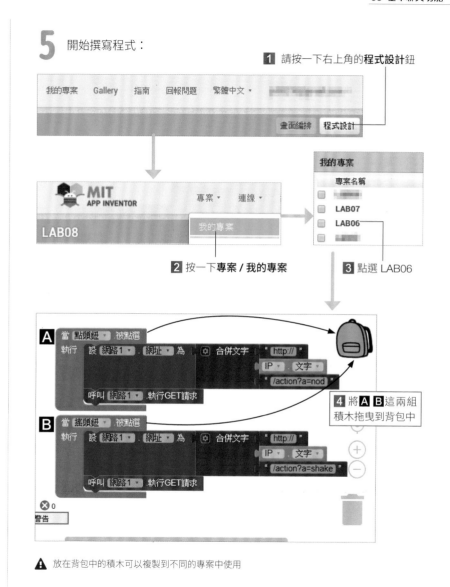

2 按一下**專案 / 我的專案**

3 點選 LAB06

4 將 A B 這兩組
積木拖曳到背包中

⚠ 放在背包中的積木可以複製到不同的專案中使用

57

5 重新開啟專案 LAB08

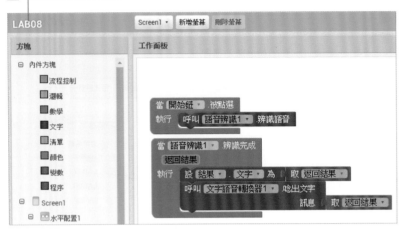

6 設定語音辨識完成時要進行的動作：

1 加入**流程控制 / 如果…則**積木到最上方

2 加入**文字 / 檢查文字中是否包含字串**積木

3 加入**文字 / ""** 積木並填入『點頭』

4 按此鈕

5 將**否則，如果**拖曳到**如果**內

6 將**否則**拖曳到**否則，如果**下

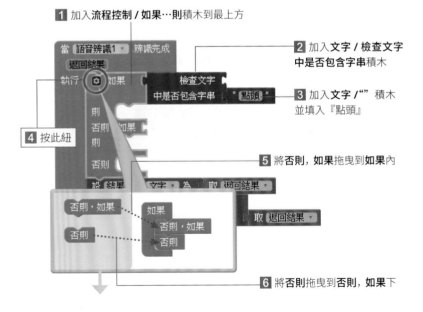

8 按此鈕

7 按此鈕收合窗格

9 將**取返回結果**拖曳到這裡

10 按滑鼠右鍵選**複製**後拖曳到這裡

11 改為『搖頭』

13 將背包中的 2 組積木拖出來

12 按一下背包打開

14 分別拖曳內部的積木 **A** **B** 到這裡

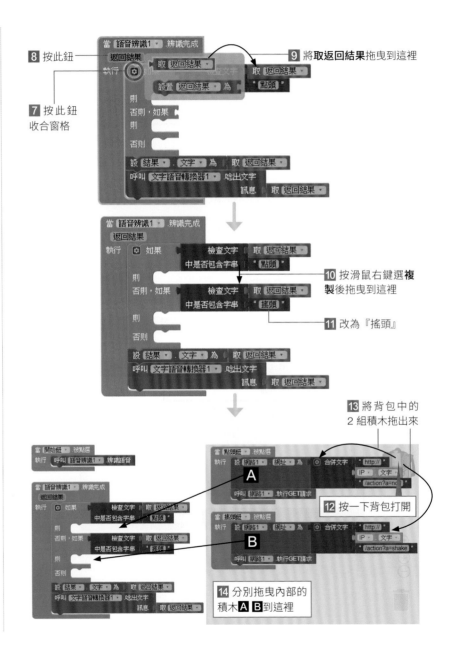

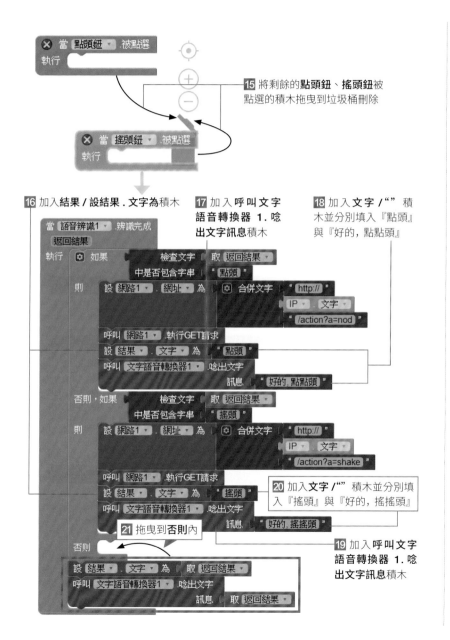

15 將剩餘的**點頭鈕**、**搖頭鈕**被點選的積木拖曳到垃圾桶刪除

16 加入**結果 / 設結果 . 文字為**積木

17 加入**呼叫文字語音轉換器 1 . 唸出文字訊息**積木

18 加入**文字 /""** 積木並分別填入『點頭』與『好的,點點頭』

20 加入**文字 /""** 積木並分別填入『搖頭』與『好的,搖搖頭』

21 拖曳到**否則**內

19 加入**呼叫文字語音轉換器 1 . 唸出文字訊息**積木

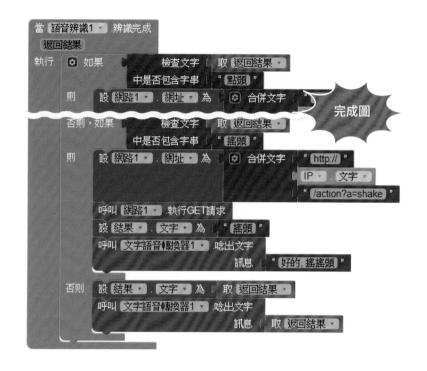

完成圖

6 將程式打包安裝到手機上執行測試:

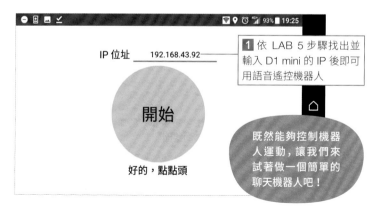

IP 位址 192.168.43.92

開始

好的,點點頭

1 依 LAB 5 步驟找出並輸入 D1 mini 的 IP 後即可用語音遙控機器人

既然能夠控制機器人運動,讓我們來試著做一個簡單的聊天機器人吧!

LAB 09 簡易的聊天功能

✓ 實驗目的

利用手機的語音功能,若辨識聽到特定的關鍵字,就說出對應的語句。

✓ 設計原理

1. 設計對答式的對話資料庫
2. 按鈕開始辨識
3. 若說出的話語有符合或包含對話資料庫的字詞,找出對應的語句; 沒有則為『我聽不懂』
4. 說出並顯示對應的語句,說完後再次執行語音辨識後回到步驟 3

✓ 實驗材料

手機

● App Inventor 程式設計

1 建立新專案 LAB09 並設定螢幕方向:

2 放置協助編排版面的元件:

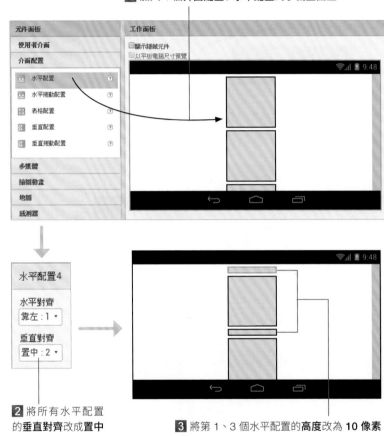

1 加入 4 個**介面配置 / 水平配置**到手機畫面上

2 將所有水平配置的**垂直對齊**改成置中

3 將第 1、3 個水平配置的**高度**改為 **10 像素**

4 放入使用者介面元件：

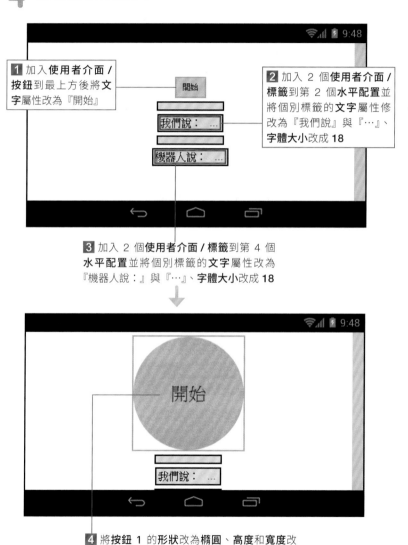

1 加入**使用者介面 / 按鈕**到最上方後將**文字**屬性改為『開始』

2 加入 2 個**使用者介面 / 標籤**到第 2 個**水平配置**並將個別標籤的**文字**屬性修改為『我們說』與『…』、**字體大小**改成 **18**

開始

我們說： …

機器人說： …

3 加入 2 個**使用者介面 / 標籤**到第 4 個**水平配置**並將個別標籤的**文字**屬性改為『機器人說：』與『…』、**字體大小**改成 **18**

開始

我們說： …

4 將**按鈕 1** 的**形狀**改為**橢圓**、**高度**和**寬度**改為 **170 像素**，並更改**背景顏色**為橙色

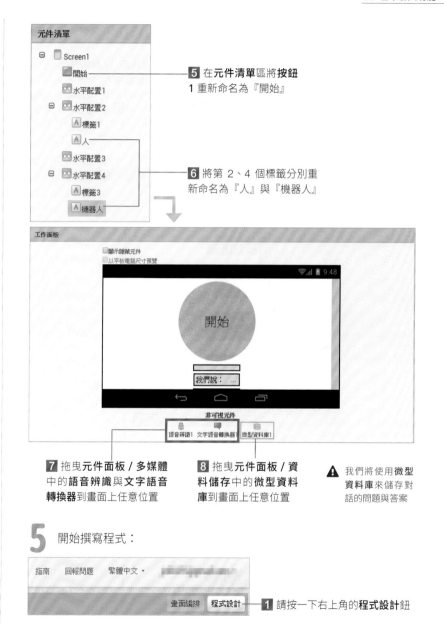

元件清單

Screen1
　開始
　水平配置1
　水平配置2
　　標籤1
　　人
　水平配置3
　水平配置4
　　標籤3
　　機器人

5 在**元件清單**區將**按鈕 1** 重新命名為『開始』

6 將第 2、4 個標籤分別重新命名為『人』與『機器人』

工作面板

顯示隱藏元件
以平板電腦尺寸預覽

開始

我們說： …

非可視元件
語音辨識1　文字語音轉換器1　微型資料庫1

7 拖曳**元件面板 / 多媒體**中的**語音辨識**與**文字語音轉換器**到畫面上任意位置

8 拖曳**元件面板 / 資料儲存**中的**微型資料庫**到畫面上任意位置

⚠ 我們將使用**微型資料庫**來儲存對話的問題與答案

5 開始撰寫程式：

指南　回報問題　繁體中文 ▾

畫面編排　程式設計

1 請按一下右上角的**程式設計**鈕

6 設定初始的對話資料庫：

2 加入**微型資料庫 1/ 呼叫微型資料庫 1. 儲存數值**積木

3 加入 2 個**文字 /""** 積木，分別填入『哈囉』與『你好嗎』

1 加入 **Screen1/ 當 Screen1. 初始化**積木，在畫面顯示前進行準備工作

4 複製 8 次往下依序排列

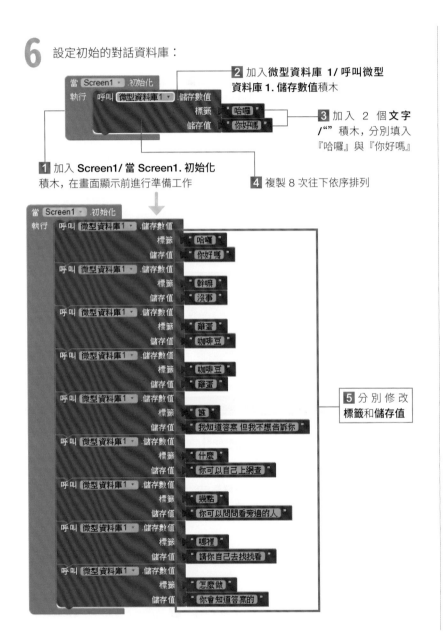

5 分別修改標籤和儲存值

7 指定按下**開始**後要進行的工作：

1 加入**開始 / 當開始 . 被點選**積木

2 個別加入**語音辨識 1/ 語音辨識 1. 辨識語音**積木

3 加入**文字語音轉換器 1/ 當文字語音轉換器 1. 唸出結束**積木

4 加入**語音辨識 1/ 語音辨識 1. 辨識語音**積木在唸完之後重新辨識

5 加入**語音辨識 1/ 當語音辨識 1. 辨識完成**積木

7 按此處選**取返回結果**拖曳到這裡

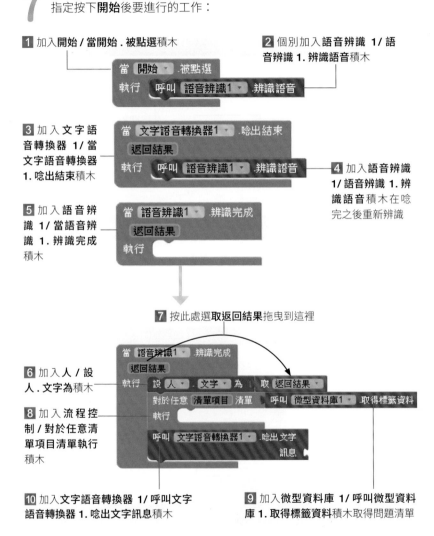

6 加入**人 / 設人 . 文字為**積木

8 加入**流程控制 / 對於任意清單項目清單執行**積木

10 加入**文字語音轉換器 1/ 呼叫文字語音轉換器 1. 唸出文字訊息**積木

9 加入**微型資料庫 1/ 呼叫微型資料庫 1. 取得標籤資料**積木取得問題清單

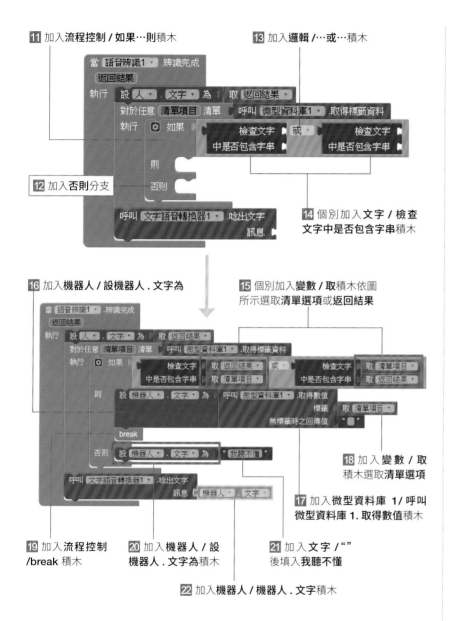

11 加入**流程控制 / 如果…則**積木

12 加入**否則分支**

16 加入**機器人 / 設機器人 . 文字為**

13 加入**邏輯 /…或…**積木

14 個別加入**文字 / 檢查文字中是否包含字串**積木

15 個別加入**變數 / 取**積木依圖所示選取**清單選項**或**返回結果**

18 加入**變數 / 取**積木選取**清單選項**

17 加入**微型資料庫 1/ 呼叫微型資料庫 1.取得數值**積木

19 加入**流程控制 /break** 積木

20 加入**機器人 / 設機器人 . 文字為**積木

21 加入**文字 /""** 後填入**我聽不懂**

22 加入**機器人 / 機器人 . 文字**積木

8 將程式打包安裝到手機上執行測試：

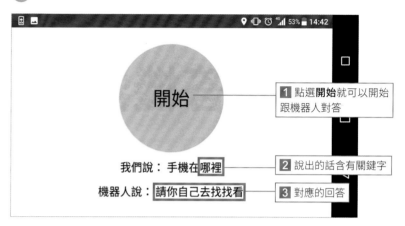

1 點選**開始**就可以開始跟機器人對答

2 說出的話含有關鍵字

3 對應的回答

4 遇到沒辦法處理的問題就回答『我聽不懂』

雖然我們在時間、地點、人物等條件設了相關的回應，但如果超出條件，機器人就不懂我們的問題了。既然如此，想想看有沒有什麼方法，可以快速對某些問題找到對應的答案呢？

Chapter 06

知識問答機器人

網路上有很多很多的知識，試著從網路上找到答案吧！

☑ 製作主題

了解什麼是網路爬蟲！

☑ 學習重點

認識網路爬蟲的概念與原理，試著使用 App Inventor 實作

在前面幾章，我們已經讓機器人可以透過語音來控制動作，並嘗試與機器人『交談』。但是在聊天的過程中，也會想知道機器人到底有多聰明，面對人類的考驗 — 知識問答，機器人的對策則是『網路爬蟲』。

6-1 網路爬蟲

因為科技的發展，網路資訊量也越來越大，甚至有**資訊爆炸**一詞的出現，人們面對生活的大小事也開始依賴網路資訊，遇到事情的第一步通常是『上網查資料』。

但是組成網頁的是一行一行的**程式碼**，要讓機器人能夠從網頁程式碼中找到需要的資訊，要先剖析網頁的組成，我們先以文字搜尋來了解網頁：

1 我們試著搜尋「什麼是 AI」

2 可以快速解答問題的是右邊這個區塊的文字

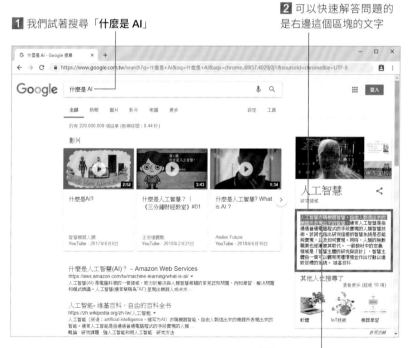

3 先複製右邊區域的一段文字

4 對網頁按滑鼠**右鍵**，選擇**檢視網頁原始碼**

5 在程式碼中搜尋剛剛複製的文字

6 結果只會有一個

你可以看到解答為圖中黑色字的段落，內容會因搜尋的問題不同而變化，我們可以用出現在解答前後的固定文字段落來找到解答的位置，如下圖所示：

關鍵字　　　答案　　結尾字

其中**關鍵字**就是固定只會出現在解答前面的文字，透過關鍵字可以找到解答的起始點；而**結尾字**則是在解答之後固定會出現的文字，只要從解答段落的起始點往後找到結尾字，就可以知道解答的終點位置。要注意的是結尾字會在網頁內出現多次，甚至出現在解答之前，因此要從解答起始位置往後找，才是真正的答案終點位置。

達成上述從網頁中擷取資訊的程式就統稱為『爬蟲』，它的執行步驟如下：

步驟 1

以『關鍵字』來找到答案的起始位置。此關鍵字必須是唯一，不然會擷取到不正確的文字

步驟 2

從『答案』起始位置擷取文字

步驟 3

到『結尾字』出現為止就是答案

步驟 4

省略網頁內其他程式碼

使用 App Inventor 來實作的各別步驟如下：

1 要先檢查網頁中是否包含『關鍵字』

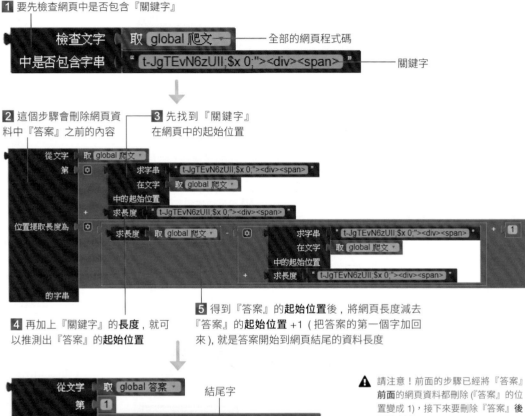

全部的網頁程式碼

關鍵字

2 這個步驟會刪除網頁資料中『答案』之前的內容　　**3** 先找到『關鍵字』在網頁中的起始位置

4 再加上『關鍵字』的**長度**，就可以推測出『答案』的**起始位置**

5 得到『答案』的**起始位置**後，將網頁長度減去『答案』的**起始位置** +1 (把答案的第一個字加回來)，就是答案開始到網頁結尾的資料長度

結尾字

7 『答案』就是從剩餘網頁資料的第 1 個位置取到『結尾字』的**起始位置** -1 (即結尾字的前一個位置)

6 從『答案』的**起始位置**向後找到『結尾字』的**起始位置**

⚠ 請注意！前面的步驟已經將『答案』**前面**的網頁資料都刪除 (『答案』的位置變成 1)，接下來要刪除『答案』**後面**的資料。

⚠ 由於結尾字並不像關鍵字那樣在網頁中只會出現 1 次，所以我們會先將答案前的網頁內容刪去，從答案起始處往後找結尾字，避免找到出現在答案之前的結尾字，擷取到錯誤的答案。

透過以上的動作，將我們所需要的『答案』篩選出來，就可以直接找到『什麼是…』相關問題的答案，透過不一樣的關鍵字就可篩選出不同提問方式的答案，這都將包含在我們最後的程式中。

☑ 實驗目的

嘗試使用網路爬蟲找出答案。

☑ 實驗材料

手機

輸入想找的名詞，點擊 **開始** 鈕就可以直接幫您找到網頁上的答案並說出來。

⚠ 關於本範例的邏輯較為複雜，因此書中不做說明。其中，找出『答案』的程式碼已經在前述說明講解過了，有興趣的讀者可以用 App Inventor 開啟『C:\FlagsBlock\apps\FM613A\LAB10.aia』檔案進行安裝。

MEMO

Chapter 07
了解聊天機器人的全部

機器學習 & 強化學習

嘿嘿嘿嘿，讓你們看看經過訓練的我有多厲害！

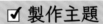

☑ 製作主題

機器學習與強化學習的實際應用

☑ 學習重點

認識人工智慧中的機器學習與強化學習，並瞭解在本套件中我們如何將這些技術實踐在聊天對話中

人與人的聊天對話中，沒有絕對正確或絕對錯誤的回覆，除了對錯、選擇之外，有很多情況是多元、有趣、且不一樣的回答方式，面對沒有正確解答的問題，機器要用什麼樣的方式，才能真正『學會』比較合適的對答呢？

7-1 機器學習

過去，工程師會因應不同的條件，以不同的辦法來處理不同的事件，例如：如果室溫高於 26°，則開冷氣；否則關冷氣。面對生活中具備簡單明確規則的事情我們可以這樣做，但如果條件多元複雜，我們沒辦法一一列舉規則判斷時，就可以利用『**機器學習**』。

『**機器學習**』是屬於**人工智慧**的一部分，意思是**讓機器自我學習**，如果機器能夠像人類一樣，透過一次一次的訓練，自己找出問題的答案，就不用工程師將每一個答案都告訴機器，只要給它足夠的資料和學習時間，就能夠完成你要機器執行的任務。像是知名的圍棋高手 AlphaGo 也是利用機器學習，先學習高手的棋譜，再跟自己進行好幾萬盤的對弈，最後成為了圍棋界的頂尖好手。

機器學習也漸漸成為現在 AI 發展的主流，除了圍棋上的應用，小從智慧型手機的語音助理、推銷電話黑名單、垃圾郵件過濾，大至自駕車、工業自動化等等，都可以看見機器學習的應用案例。

7-2 強化學習

『**強化學習**』則屬於**機器學習**的一部分，一開始的程式可能什麼都不懂，直到機器接收到第一筆資料 (資料類型可能是文字、圖片等等)，機器會隨機做出一個動作，並且環境會給予一個回饋，這樣的回饋行為就可以視為一種**獎懲機制**，越高分代表越能完成指定任務，取得預期的**最大利益**。隨著越來越多次的練習，機器會漸漸找出一個可以取得最高分的選擇方式，更有效地達成任務。

7-3 聊天機器人的強化學習

聊天機器人面對某一個問題時，如果其中一個答案回答**次數**很高，它使用該答案回答的**機率**也會變高，例如有一個問題是『吃什麼』，它有『蛋包飯』、『牛排』、『壽司』等 10 種不同的回答方式，如果訓練時遇到機器人問『吃什麼』時，我們回答『蛋包飯』，程式會再將『蛋包飯』這個選項加入回答方式中，**蛋包飯**就比其他 9 種的回答機會略高一點。隨著我們的答案與提高回答次數，機器人會透過學習選擇更趨近於我們預期的答案，而更有效地呈現**強化學習**的成果。

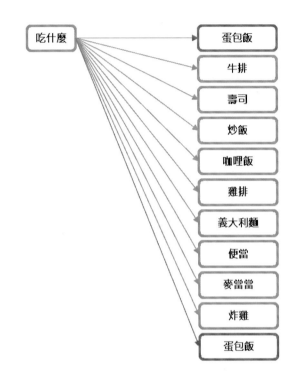

1	總問題數	7	該問題對應的答案
2	可以輸入問題或是編號	8	更改答案
3	清除輸入文字	9	刪除此答案
4	輸入後確認	10	前一個答案
5	刪除此問題	11	後一個答案
6	顯示此為第幾個問題數	12	該問題對應的答案數

7-4 用後台查詢驗證學習成果

在第 2 章中，我們有使用過開發人員模式中的**單句學習**與**腳本學習**，接下來我們要解說**後台查詢**的功能，以及它背後的**人工智慧**。

點擊**後台查詢**鈕後，我們可以對儲存下來的對話資料庫進行修改、刪除與查詢，詳細的功能如下：

還記得我們在第 2-3 節的**單句學習**與**機器學習**中提到，聊天的前後句是一問一答的關聯，就算一句話有多種回覆的方式，每一個答案都與問題建立關聯。但如果關聯之中，有我不希望太常出現的答案，機器人會怎麼模擬人類學習的方式來改善呢？

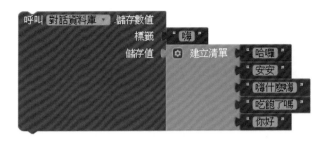

1. 我們先看看對話資料庫中,『嗨』會怎麼回答:從上圖可以看到,在文字輸入盒中鍵入『嗨』,並按**查詢**鈕,按 **BACK**、**NEXT** 鈕會看到這個問題有『哈囉』、『安安』、『嗨什麼嗨』、『吃飽了沒』、『你好』5 種回答 (此為出廠預設,會依每個人回話方式不同增加不同的答案),意思是在聊天過程中,聊天機器人如果接收到『嗨』,會**隨機**從這 5 個回答中選其中一種回答。

2. 當我們遇到『嗨』這個問題時,會希望怎麼回答:為求快速,將介面切換到**單句學習**,在『嗨』的問題中新增答案為『哈囉』,然後按**儲存**鈕 5 次,模擬對問題『嗨』回答了 5 次『哈囉』。

3. 透過快速訓練,『嗨』的回答有什麼變化:再次將介面切換到**後台查詢**,鍵入『嗨』並按**查詢**鈕,就會看到答案增加到 10 個,原本『哈囉』這個答案出現的機會是 20% ,但在快速訓練後,一下就快速增長到 60%。

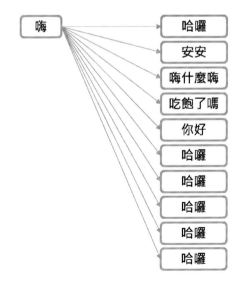

71

透過這樣的邏輯，我們面對機器人問題，就要以『**如果我問這個問題，我希望機器人怎麼回答我**』來思考，因為我們每個人的回話方式都不一樣，造就同樣的問題我們有多元的回答方式，但唯有不斷地跟機器人對談、面對問題一次一次地訓練，才會使答案漸漸趨近於我們希望的結果，這就是 AI 聊天機器人厲害之處！

⚠ 你可能會問：刪除或更改這個選項不是也可以嗎？當然可以，但這樣就是『清除了該種回答的可能性』，而不是『用對話一步一步地訓練』屬於自己的聊天機器人！

知識補給站 當你練習過所有的章節程式範例後，想嘗試替機器人增加動作，可以像第 4 章的 Flag's Block 步驟增加動作到程式中，App Inventor 的程式判斷請打開 FlagsBlock\apps\FM613A\flag-chatbot.aia 檔案，將程式加在『定義程序 / 詞語辨識動作』中的**第 2 個**『如果』條件中。

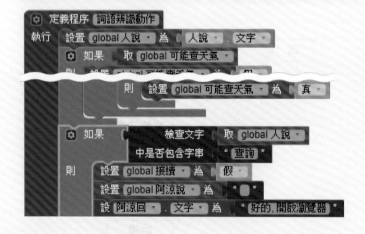

⚠ 綜合了以上的學習，造就了本套件的 AI 聊天機器人，但由於程式邏輯較為複雜，因此書中不做說明，有興趣的讀者可以用 App Inventor 開啟『C:\FlagsBlock\apps\FM613A\flag-chatbot.aia』檔案進行安裝。

記得到旗標創客·
自造者工作坊
粉絲專頁按『讚』

1. 建議您到「旗標創客·自造者工作坊」粉絲專頁按讚，有關旗標創客最新商品訊息、展示影片、旗標創客展覽活動或課程等相關資訊，都會在該粉絲專頁刊登一手消息。

2. 對於產品本身硬體組裝、實驗手冊內容、實驗程序、或是範例檔案下載等相關內容有不清楚的地方，都可以到粉絲專頁留下訊息，會有專業工程師為您服務。

3. 如果您沒有使用臉書，也可以到旗標網站 (www.flag.com.tw)，點選 聯絡我們 後，利用客服諮詢 mail 留下聯絡資料，並註明產品名稱、頁次及問題內容等資料，即會轉由專業工程師處理。

4. 有關旗標創客產品或是其他出版品，也歡迎到旗標購物網 (www.flag.tw/shop) 直接選購，不用出門也能長知識喔！

5. 大量訂購請洽

學生團體　　訂購專線：(02)2396-3257 轉 362
　　　　　　傳真專線：(02)2321-2545

經銷商　　　服務專線：(02)2396-3257 轉 331
　　　　　　將派專人拜訪
　　　　　　傳真專線：(02)2321-2545

國家圖書館出版品預行編目資料

FLAG'S 創客.自造者工作坊：AI 聊天機器人手機座
施威銘研究室 著　臺北市：旗標，2018.11　面 ;公分

ISBN 978-986-312-563-1(平裝)

1. 微電腦 2. 電腦程式語言 3. 機器人

471.516　　　　　　　　　　　107017310

作　　者／施威銘研究室

發 行 所／旗標科技股份有限公司

　　　　　台北市杭州南路一段15-1號19樓

電　　話／(02)2396-3257(代表號)

傳　　真／(02)2321-2545

劃撥帳號／1332727-9

帳　　戶／旗標科技股份有限公司

監　　督／黃昕暐

執行企劃／黃昕暐

執行編輯／周家楨·汪紹軒

美術編輯／薛詩盈

插　　圖／薛榮貴

封面設計／古鴻杰

校　　對／黃昕暐·周家楨·汪紹軒

行政院新聞局核准登記-局版台業字第 4512 號

ISBN　978-986-312-563-1

版權所有·翻印必究